W0268643
1900

Worgitzky, Blütengeheimnisse

Georg Worgitzky

Blütengeheimnisse

Eine Blütenbiologie in Einzelbildern

Mit 47 Abbildungen im Text
Buchschmuck von J. V. Cissarz
und einer farbigen Tafel von
P. Flanderky

Zweite Auflage

Springer Fachmedien Wiesbaden GmbH 1910

ISBN 978-3-663-15631-4   ISBN 978-3-663-16206-3 (eBook)
DOI 10.1007/978-3-663-16206-3

Inhalt.

I*

Aus dem Gesamtleben der Blüten:

Vorbemerkung.

Nicht viel über hundert Jahre sind seit dem Erscheinen eines Buches verflossen, das uns heute in seinem Titel („Das entdeckte Geheimnis der Natur im Bau und in der Befruchtung der Blumen", Berlin 1793) seltsam anmuten mag, das aber nach seinem Inhalt einen bedeutsamen Fortschritt naturwissenschaftlicher Erkenntnis darstellt. Es betrifft die Enthüllung der merkwürdigen Lebensbeziehungen, wie sie zwischen den Blumen und den sie besuchenden Insekten bestehen, — die nähere Feststellung der Tatsache, daß die Blumen ihre Besucher keineswegs umsonst durch Farbenpracht und Wohlgeruch zu sich heranlocken und mit süßen Säften bewirten, sondern durch bestimmte Form und Stellung ihrer einzelnen Teile die Insekten zwingen, sich während des Besuchs mit Blütenstaub zu beladen, ihn zu anderen Blumen derselben Pflanzenart mit sich zu tragen und dort auf die Narbe des Fruchtknotens wieder abzustreifen. Kurz, das Buch enthält die erste treffliche Begründung für den Satz, daß die Insekten die eigentlichen Befruchter der Blumen sind und nur in gewissen Fällen durch den Wind abgelöst

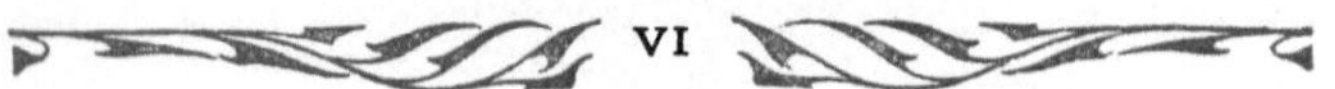

werden. Allerdings war die Rolle, die die Insekten im Blumenleben spielen, bereits um die Mitte des 18. Jahrhunderts von dem Süddeutschen **Kölreuter**, Professor der Naturgeschichte in Karlsruhe, im allgemeinen richtig erkannt worden. Aber erst der Verfasser jenes Buches, der Rektor der Großen Lutherischen Stadtschule zu Spandau, **Christian Konrad Sprengel**, ist es gewesen, der durch scharfsinnige Deutung seiner zahlreichen Einzelbeobachtungen sowie durch ausgezeichnete Beschreibung der Blüteneinrichtung von nahezu 500 Pflanzen den Grund zu einem ganz neuen Zweig der Botanik, der Blütenbiologie, gelegt hat, der sich ausschließlich mit den Lebenserscheinungen der Blumen beschäftigt. Seine Ergebnisse waren dabei so neu und eigenartig, sie paßten so wenig in die Schablone der damals in der Botanik herrschenden, rein beschreibend-systematischen Richtung, daß sie nur geringe Beachtung fanden, stellenweise selbst gehässige Verkleinerung erfuhren und ihr Entdecker zurückgesetzt und von seinen gelehrten Zeitgenossen so gut wie verleugnet im Jahre 1806 zu Berlin verstorben ist.

Es bedurfte keines Geringeren als eines **Darwin**, um nach fast fünfzigjähriger Vergessenheit die Verdienste des Verkannten und die Bedeutung seiner Beobachtungen ins rechte Licht zu setzen und die Aufmerksamkeit weiterer wissenschaftlicher Kreise wieder auf ihn zu lenken ("On various contrivances, by which British and foreign Orchids are fertilized by insects", London 1862). Seitdem hat man dann auf der von **Sprengel** geschaffenen Grundlage rüstig fortgebaut, zahlreiche Botaniker aller Nationen haben dem

neuen Werke ihre Kräfte gewidmet, Darwin selbst hat
wichtige Bausteine geliefert. Allein die wichtigste Förderung
erfuhr die jugendliche Wissenschaft wieder durch den un-
ermüdlichen Fleiß eines deutschen Forschers, Hermann
Müller zu Lippstadt i. W., der die Arbeit seines Lebens
hauptsächlich in drei Werken niedergelegt hat („Die Befruchtung der Blumen durch Insekten und die gegenseitige
Anpassung beider", Leipzig 1873 — „Weitere Beobachtungen
über die Befruchtung der Blumen durch Insekten", Verhandl.
d. naturh. Vereins d. pr. Rheinlande und Westf. I 1878,
II 1879, III 1882 — „Alpenblumen, ihre Befruchtung durch
Insekten und ihre Anpassungen an dieselben", Leipzig 1881).
So ist jetzt aus kleinen Anfängen und in verhältnismäßig
kurzer Zeit in der Blütenbiologie ein Wissenszweig entstanden,
dessen Literatur um die Wende des Jahrhunderts bereits
über 3000 Nummern aufwies, und der dabei unbestreitbar
die liebenswürdigsten Erscheinungen aus dem großen Gebiet
unserer scientia amabilis umfaßt. Und wohl dürfte sich heute,
vom gegenwärtigen Standtpunkt der Wissenschaft aus, der
Versuch lohnen, einmal dem Fernerstehenden durch den Stachelzaun wissenschaftlicher Benennung und Anordnung hindurch
den Zugang zu jener Zauberwelt der Blumen und ihrer
leicht beschwingten Gäste zu eröffnen.

Ausgegangen wurde bei diesem Versuch von 25 Einzel-
bildern der heimischen Flora und erst am Schluß ihrer möglichst
genauen Schilderungen ein zusammenfassender Abschnitt über
die Ergebnisse der Blütenbiologie überhaupt angefügt, der
zugleich die Erklärung der unentbehrlichsten Fachausdrücke
enthält. Denn wie jede Naturwissenschaft kann auch die

Blütenbiologie nur aus dem unmittelbaren Verkehr mit der Natur selbst geschöpft werden. Die Einzelbilder sind nach lebendem Material bearbeitet und wollen auch an lebenden Pflanzen nachuntersucht sein. Sie machen es sich zur Aufgabe, durch bedachte und geordnete Auswahl nicht allein in das Verständnis blütenbiologischer Einzelerscheinungen einzuführen, sondern vor allem die Luft an selbständigen Untersuchungen zu wecken und Fingerzeige dazu zu erteilen. Die gewählten Beispiele betreffen daher ausschließlich solche Pflanzen, die jedem mit geringer Mühe an Weg und Feld, in Garten, Wiese oder Wald zugänglich sind, und bieten Vertreter aus allen Monaten der Vegetationszeit vom Februar bis zum Oktober. Überall aber wurde das Hauptaugenmerk darauf gerichtet, alle einschlägigen Tatsachen möglichst gleichmäßig zu berücksichtigen, d. h. außer den Beziehungen der Blüten zu den befruchtenden Insekten und dem Wind alle Schutzeinrichtungen, namentlich die gegen die Unbilden der Witterung, in den Kreis der Betrachtung zu ziehen. Haben doch auch diese, neben den genannten und neben den entscheidenden phylogenetischen Ursachen, zweifellos ihren Einfluß auf Gestaltungs- und Stellungsverhältnisse der Blüten geübt. Dazu kommt, daß das Aufsuchen von ihnen den blütenbiologischen Studien noch ein erhöhtes und umfassenderes Interesse verleiht, als die Bestäubungsverhältnisse es allein schon zu bieten vermögen.

Der Verfasser würde seinen Zweck erreicht glauben, wenn bei dem angegebenen Gebrauch des Buches seine Aufzeichnungen dazu dienen könnten, dem Leser auch nur einen Teil des Genusses zu bereiten, den er selbst bei Feststellung

bez. Nachprüfung der ihnen zugrunde liegenden Tatsachen empfunden hat. Lassen sie uns doch — so unbedeutend oft die Gegenstände erscheinen mögen, denen die folgenden Betrachtungen gewidmet sind — immerhin einen tiefen Einblick tun in die wunderbar vielgestaltigen Beziehungen, die das geheimnisvolle Triebwerk des organischen Lebens mit den Verhältnissen der Außenwelt verknüpfen.

In der neuen Auflage wurde die Zahl der Einzelschilderungen um die der Roßkastanie vermehrt, der Text der übrigen vielfach erweitert und verbessert. Ferner wurde überall erneut dem Bestreben Rechnung getragen, die fremdsprachlichen Kunstausdrücke durch passende deutsche zu ersetzen, von denen wieder eine Anzahl überhaupt zum ersten Male eingeführt werden. Von den Abbildungen sind fünf neu gezeichnet und vier, sowie eine Farbendrucktafel neu hinzugefügt worden. Eine Erweiterung der vorliegenden Studien und ihre Ausdehnung auf allgemein biologische Verhältnisse findet der Leser in des Verfassers „Lebensfragen aus der heimischen Pflanzenwelt".

Blütenbiologische Einzelbilder.

Der Klatschmohn (Papaver Rhoeas).

Duftlose Pollenblume. — Blütezeit: Mai bis Juli.

Mitten unter dem hoch aufgeschossenen Getreide zieht unsere
Aufmerksamkeit eine grellrot leuchtende, aber duftlose Blume
von beträchtlicher Größe auf sich, die bei näherer Betrach=
tung durch ihren einfachen Bau überrascht. Die vier großen,
breit abgerundeten Kronblätter des Klatschmohns*) sind
die Träger der ziegelroten Farbe, welche nur am Grunde
der Blätter, dort wo der Kelch sitzen würde, in einen
schwarzvioletten, oft weiß berandeten Fleck übergeht, der
aber auch ganz fehlen kann. Vergeblich suchen wir an der
voll geöffneten Blume nach einem Kelch, wir müssen uns
an die Knospen wenden, die an den schlanken, herabgebogenen
Stengeln noch überhängen oder „nicken“, um ihn zu finden.
Wie die Muschel in ihrer zweiklappigen Schale, so ruht die
Knospe dicht umschlossen von zwei großen, dickwandigen,
graugrünen Kelchblättern, die auf warziger Oberhaut zahl=
reiche gelbliche bis braune Borsten tragen — eine stachlige
Zugabe für die Lippen lüsterner Pflanzenfresser. Je älter

*) Dieselbe Blütenfarbe und Blüteneinrichtung besitzt auch
der gleichzeitig blühende Sandmohn (Papaver Argemone).

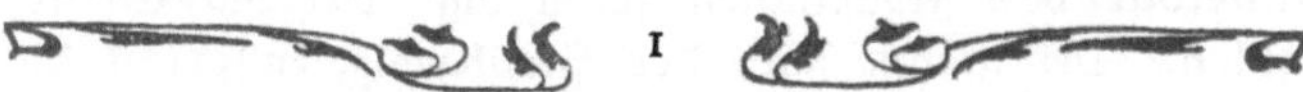

I

die Knospe wird, um so mehr beginnt sich ihr Stiel auf
zurichten und zu strecken. Ungefähr um die gleiche Zeit
sehen wir, wie die Kelchblätter, zunächst an einer Seite,
auseinander weichen, bis sie schließlich an der Spitze völlig
aufklaffen, und nunmehr zwischen ihnen das herrliche Rot
der Krone hervorquillt, die, als wäre sie aus feinster Seide,
im Innern des Kelches zusammengeknittert lag. Schon nach
einigen Stunden lösen sich die Kelchblätter gänzlich vom
Stengel und fallen ab, während jetzt die Kronblätter — eben
wie zarte Seidentüchlein unter dem Strich einer warmen
Hand — so im Sonnenschein sich ausbreiten und glätten.
Das Abwerfen der dicken Kelchblätter bei Entfaltung der
Blume kann nur als eine Maßregel vorsichtiger Ökonomie
im Haushalt der Pflanze gedeutet werden. Ihre Fort-
erhaltung während des Blühens, wo ihre ferneren Schutz-
leistungen völlig überflüssig sind, würde durch teilweise
Ablenkung des Saftstromes einen Materialaufwand er-
fordern, der viel zweckdienlicher für Weiterbildung der
hier zahlreichen inneren und edlen Blütenteile benutzt
werden kann.

Durch Ausbreitung der Kronblätter wird der Zugang
zu einer dicht gedrängten Schar schwarzvioletter Staubgefäße geöffnet, von denen wir nicht weniger als 70 bis
80 zählen. Ihre Beutel haben sich übrigens schon innerhalb
der Knospe mit dem graugrünen Pollen bedeckt. In ihrer
Mitte erhebt sich ein keulenförmiger, grünlichgelber Stempel,
der von einer eigentümlich verzierten Mütze gekrönt erscheint.
Sie besteht gewöhnlich aus acht erhöhten dunklen Riefen,
die vom obersten Punkt strahlenartig auseinander laufen
und ebenso viele Narbenäste vorstellen. Diese sitzen unmittelbar dem Fruchtknoten selbst auf, während Griffel
fehlen. Der großen Zahl der Staubgefäße entspricht die

Menge des gebildeten Pollens, der sehr bald aus den Beuteln heraus zu fallen anfängt und in der weit aus- gebreiteten Krone wie in einer Schüssel aufgefangen wird. Denn er ist hier die einzige Nahrung, welche den angelockten Insekten geboten wird; jede Spur von Nektar fehlt. Trotz- dem muß es den Gästen wohl in den Blumen behagen, wie die große Zahl derer beweist, die immer wieder gern Einkehr in ihnen halten. Freilich sind auch ihre Vorräte allen zugänglich, Großen wie Kleinen, Dünnen wie Dicken, Käfern und Fliegen, Bienen und Hummeln. Ja, sogar den viel verschrieenen Ohrwurm hat man in ihnen ge- funden, wenn auch nicht entschieden werden soll, ob er nicht mehr des Obdachs wegen die gastliche Blume auf- gesucht hat, als um sich an ihrem Tische gütlich zu tun. Sicherlich bleibt auch nach starker Inanspruchnahme genug von dem Pollen übrig, um den auf und vor den Staub- gefäßen sich bewegenden, vielleicht anfangs nach Nektar suchenden Insekten reichlich davon aufzuladen — sei es bei der unmittelbaren Berührung mit den Staubbeuteln, sei es beim Herumkriechen in dem auf den Kronblättern lagernden Pollen. Wählt das Insekt dann beim Anfliegen einer anderen Mohnblüte den sich bequem hierzu darbietenden Stempel als ersten Ruheplatz, so wird es etwas von dem mitgebrachten Pollen auf einen der acht Narbenäste ab- streifen und damit die Fremdbestäubung herbeiführen. Aller- dings ist nicht ausgeschlossen, daß bei lebhafter Bewegung der Insekten in der Blüte auch Pollenkörnchen der eigenen Staubgefäße auf die Narbe gebracht werden, also Selbst- bestäubung eintritt.

Mit der erfolgten Befruchtung ist das Ziel der Blüte erreicht. Die Kronblätter fallen eins nach dem andern aus, die entleerten Staubgefäße folgen ihnen, und bald

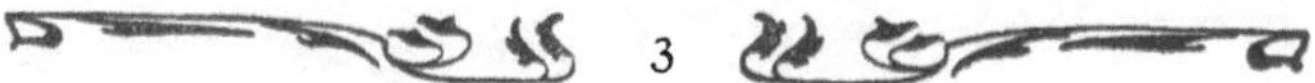

ragt der einsam übriggebliebene Stempel starr aufrecht in die heiße Sommerluft, unter dem alleinigen Schutze seiner derben Wand der völligen Reife entgegenharrend.

Die Heckenrose (Rosa canina).

Duftende Pollenblume. — Blütezeit: Juni.

In den Tagen der Sommersonnenwende, wenn auf vorspringenden Felsen und überragenden Kuppen die Johannisfeuer aufflammen, hat in Gärten und Anlagen die Königin aller Blumen, die üppige Schönheit des Südens, ihre duftenden Kelche geöffnet. Am Berghang und Feldrain aber erblüht ihre heimatliche schlichtere Schwester, die Heckenrose. Und doch auch hier welcher zarte Farbenschmelz der aufbrechenden Knospe! Zwischen den auseinander weichenden, langspitzigen Kelchblättern, die das Ende eines krugförmigen, glänzend grünen Blütenbodens krönen, schimmert das keusche Blaßrot der Krone. Noch liegen ihre fünf einzelnen Blätter, dicht geschlossen und einander seitlich überdeckend, zu einem Dach über die inneren Blütenteile gewölbt. Aber bald spreizen sich die Kelchblätter völlig zurück, die Kronblätter weiten sich zu einer Kuppel, die bereits ihren herrlichen Duft ausströmt und Bienen herbeilockt, die man emsig zwischen den Kronblättern sich hindurch drängen und hinter ihnen verschwinden sieht. Immer weiter erschließt sich die Krone und öffnet sich zu einem vertieften Becken, läßt jetzt die Kartenherzform ihrer Blätter erkennen und einen dichten Kranz von sattgelben Staubgefäßen hervortreten, von denen man 80 und mehr zählt. Sie alle sitzen einem etwas erhöhten, ebenfalls orangegelben Ring auf, der im Mittelpunkt der Blüte ein niedriges graugrünes, wie punktiert erscheinendes Hügelchen umzieht, und

wenden ihre Staubbeutel auf stark gebogenen Fäden möglichst weit nach außen. Man könnte diesen Ring für ein
Nektarium halten, und manchmal glaubt man einen feinen
Flüssigkeitsüberzug auf ihm zu bemerken, doch ebenso oft
ist er völlig trocken. Vielleicht vermögen einzelne Insekten
ihm durch Anbohren etwas Flüssigkeit zu entlocken, und gar
manches Bienlein und Käferchen mag verstohlen an ihm
die Schärfe seiner Mundteile erproben, aber ein Nektarium
im gewöhnlichen Sinne ist er nicht. Die meisten Besucher
— außer Bienen noch Schwebfliegen und eine große Zahl
von Käfern — müssen sich schon mit dem Pollen zufrieden
geben, den die zahlreichen Staubgefäße ja reichlich genug
darbieten. Als sehr unnütze, oft gefährliche Gäste erweisen
sich die großen, prachtvoll goldgrünen Rosenkäfer, die, um
ihren plumpen Leib zu sättigen, sich nicht mit Pollen be-
gnügen, sondern rücksichtslos Staubgefäße und Narben abweiden und breite Löcher in die Kronblätter nagen.

Mit Nektar nicht zu verwechseln ist auch jene glänzende
Feuchtigkeit, die wir das innere grünliche Häufchen bedecken
sehen. Dieses selbst stellt nämlich nichts als eine dicht ge-
drängte Gruppe zahlreicher Narbenköpfchen dar, und ihnen
haftet die Feuchtigkeit an. Wir brauchen nur den grünen
Blütenkrug längs durchzuschneiden, um an jedem dieser
Köpfchen den silberweiß behaarten Griffel zu erkennen, der
sich durch die enge Mündung des Blütenkruges hindurch
zwängt und in seinem Bauche an einem ebenso behaarten,
eiförmigen Fruchtknoten ansitzt. Die zahlreichen Fruchtknoten
stehen an der Wand der inneren Höhlung zwischen längeren
weißen Haaren, die vor allen Dingen bei der späteren
Fruchtentwicklung ein gegenseitiges Drücken der heranreifenden Früchte verhindern. Der Verschluß des Blütenbodens ist durch die krugförmige Einschnürung an seiner

Mündung sowie die gedrängten Griffel so sicher, daß es keinem kleineren Insekt gelingt, in das Innere plündernd einzubrechen. Zum Aufbeißen seiner Wand von außen ist aber diese viel zu dick und fest.

Die ankommenden Besucher fassen zunächst auf dem Narbenhügel Fuß, der sich ganz von selbst als geeignetste Operationsbasis aus der Blume abhebt, und müssen dann erst bei der Suche nach Nektar irgendwo die Staubbeutel streifen und sich mit Pollen bepudern, der beim Besuch der nächsten Blüte beim Auffliegen auf die Narben abgestrichen wird. So erscheint hier die zentrifugale Stellung der Staubgefäße sehr wesentlich für das Zustandekommen der Fremdbestäubung. Unterbleibt diese infolge ungünstiger Witterung oder aus anderen Gründen, so kann Selbstbestäubung stattfinden, da bei einigermaßen geneigter Stellung der Blumen nach gänzlicher Öffnung der Staubbeutel immer etwas Pollen auf den Narbenhügel fallen wird.

Die Linde (Tilia parvifolia).

Vorstäubende Nektarblume, Nektar offen. — Blütezeit: Juli.

Noch immer rauschen im Talwald ihre Wipfel die uralte Melodie, schauen sie am Dorfplatz ernsthaft herab auf Spiele und Tänze der Jugend wie vor Jahrhunderten auf düstere Stätten des Gerichts. So ehrwürdig und achtunggebietend das stattliche Äußere der Linden, so bedächtig der Gang ihres Blühens und Fruchtens, das sie als die letzten unserer einheimischen Laubbäume betreiben. Endlich im Juli bemerken wir von ferne an den Zweigunterseiten der dunkelgrünen Krone gelblichen Schimmer und finden uns beim Näherkommen von einem Duftstrom umflutet, der in seiner Stärke und aufdringlichen Süßigkeit uns fast abstoßend trifft. Nicht so die nektarsammelnde Insektenwelt, Bienen und Zweiflügler, die in ganzen Geschwadern summend den gastlichen Baum umschwärmen.

Als mehrfach gegabelte Trugdolden entspringen die lang gestielten Blütenstände den Blattachseln, sind aber auf eigentümliche Art mit einem auffällig großen, schmal lanzettlichen, gelbgrünen Hochblatt verwachsen, und zwar so, daß der Trugdoldenstiel fast bis zur Hälfte des Hochblattes zugleich dessen Mittelrippe bildet. Dieses seltsame Hochblatt, das in Größe und Stellung beinahe einzig in unserer Flora dasteht, hat wichtige Aufgaben zu erfüllen. Einmal trägt es durch seine hellere Färbung wesentlich dazu bei, den durch den Geruch herbeigelockten Insekten in dem Blättergewirr des Baumwipfels den Weg zu den Blüten zu zeigen. Dann aber dient es nach der Fruchtreife, wenn sich der Stiel der Trugdolde samt den daran sitzenden Nüßchen aus der Blattachsel gelöst hat, dem ganzen Fruchtstand als Flugwerkzeug. Der Wind fängt sich an seiner dann trocken und braun gewordenen Fläche und führt den Fruchtstand wirbelnd aus dem Bereich der Krone fort, damit die jungen Keimpflänzchen nicht unmittelbar darunter aufsprießen und im Schatten der eigenen Mutter wieder zugrunde gehen.

Der ganze Blütenstand hängt herab, und die einzelnen Blüten öffnen sich nach unten zu, eine Stellung, die hier weniger den Regenschutz gewährleisten soll, als vielmehr eine leichtere Zugänglichkeit der Blüten für die besuchenden Insekten. Denn von oben her breiten sich über den ganzen Blütenstand schützend die Laubblätter, die mit ihrer breiten Fläche den Regen auffangen und ableiten, bei aufrechter Lage der Blüten aber den freien Verkehr der Insekten verhindern würden. Zu äußerst wird die Blüte umgeben

von fünf kahnförmig vertieften, sehr derbwandigen, grünen
Kelchblättern, die in ihrer Höhlung den reichlichen Nektar
tropfenweise absondern, wo er bei seiner offenen Lage
auch dem kürzesten Fliegenrüssel erreichbar bleibt. Damit
er bei der hängenden Stellung der Blüte nicht herabrinnt,
legt sich ihm vom Grunde der Kelchblätter aus ein dichter
Schopf weißer Haare vor. Zwischen den Kelchblättern,
aber höher als diese eingefügt, entspringen fünf schmale
weißgelbe Kronblättchen, die in ihrer zarten Dünne den
derben Kelchblättern gegenüber aussehen, als wüßten sie
selbst nicht, wozu sie hier eigentlich da sind. Denn an
Ansehnlichkeit gewinnt die Blüte durch sie sehr wenig.
Viel mehr wird diese erhöht durch einige zwanzig Staubgefäße, die in weitem Kreis den Stempel umstehen und
ihre kleinen gelben Beutel auf langen weißen Fäden
weit aus der Blüte hervorstrecken. In jungen, eben
geöffneten Blüten sind ihre Fäden wenig nach außen
gebogen, sondern ragen als geschlossene Gruppe inmitten
der Blüte empor. Ihre Beutel sind hier rein gelb, noch
jugendfrisch und bieten reichlichen Pollen dar. Von ihnen
völlig überdeckt, erhebt sich in ihrer Mitte ein Knirps
von Stempel mit kugelrundem, fein behaarten Fruchtknoten und kurzem stämmigen grünlichen Griffel, dessen
oberes Ende noch keine belegungsfähigen Narbenäste entfaltet hat. Die Blüte in diesem Zustand ist nur männlich,
wir haben einen Fall von Protandrie vor uns. In einer
beliebigen älteren Blüte hat sich das Bild verschoben.
Die Staubgefäße sind jetzt weit nach außen gebogen, ihre
Beutel verschrumpft und braun gefärbt, zum Teil schon
abgefallen; dagegen zeigt sich in ihrer Mitte frei der
verlängerte Griffel mit einer Anzahl kleiner Narben-
läppchen an seiner Spitze. Die Blüte ist in das zweite,

das weibliche Stadium eingetreten, in welchem nur Fremd=
bestäubung möglich bleibt.

In der jungen Blüte, die ja wie alle andern herab=
hängt, ist der einzige Anflugsort die Gruppe der langen
Staubgefäße in ihrer Mitte. Hier hält sich das Insekt
fest und bestäubt sich mit Pollen, während es nach außen
gewendet den Nektar aus den Kelchblättern saugt. Auf
den älteren Blüten, wo der Nektar zwischen den auswärts
gebogenen Staubfäden hervorgeholt werden muß, bietet
sich der Griffel bez. der Raum zwischen ihm und den Staub=
gefäßen als Ruhepunkt, wobei der mitgebrachte Pollen auf
die Narbe abgestreift wird.

Der Hahnenfuß (Ranunculus acer).

Vorstäubende Nektarblume, Nektar halb verborgen. — Blütezeit:
Mai bis September.

Wenn im Mai der Blumenflor unserer Frühlings=
wiesen sich voll entfaltet hat, dann leuchten zwischen dem
Azurblau des Günsels, dem Violett der Glockenblume,
dem Karminrot des Sauerampfers, dem Blaßlila des
Schaumkrautes und dem unbestimmten Braun und Grau=
grün der Grasblüte die goldgelben Köpfchen des Hahnen=
fußes*) auf ihren schlanken Stielen uns weithin entgegen.
Die gelbe Farbe gehört hier nicht nur der Krone, sondern
in schwächerem Grade auch dem Kelch sowie den Staub=
gefäßen an. Beide helfen damit die Farbenintensität der
ganzen Blume erhöhen, was in dem Wettbewerb mit so
mannigfachen lockenden Farbenreizen in nächster Umgebung

*) Die Blüteneinrichtung von Ranunculus acer weisen von
unseren häufigsten Hahnenfußarten noch R. repens, bulbosus,
Flammula auf.

doppelt notwendig erscheint. Läßt sich doch die große Masse der Insekten, wie die der Menschen auch, immer von der blendendsten äußeren Erscheinung berücken, bleibt der innere Wert, und wären es noch so reiche Nektarschätze, so oft unerkannt, wenn nicht ein entsprechend auffälliges Reklameschild hinzukommt. Der Hauptdaseinszweck der drei unterseits fein behaarten Kelchblätter liegt freilich vor dem Blühen in dem Schutz, den sie der von ihnen völlig eingehüllten, fast kugelrunden Knospe gewährten.

Die fünf rundlichen Kronblätter bieten auf ihrer Oberseite eine interessante Abstufung der Farbe dar. Während

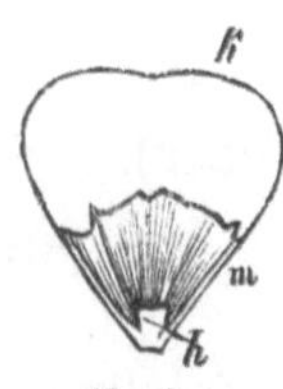

(2:1)

Hahnenfuß. Einzelnes Kronblatt von der Oberseite. *k* glänzender, *m* matter Teil, *h* die den Nektar nach oben abdeckende Schuppe.

die äußeren zwei Drittel ihrer Fläche in sattem Gelb wie ein Spiegel erglänzen, ist das innere, scharf abgegrenzte Drittel matt und von zahlreichen durchscheinenden Adern durchzogen, die nach dem kurzen Stiel hin zusammenlaufen. Sie fallen auch dem kurzsichtigen Insektenauge auf und bilden ein ebenso einfaches wie sicheres Saftmal. Das Nektarium findet sich nämlich unmittelbar am Grunde des Kronblattes in Form eines flachen Grübchens auf seiner Oberseite und wird von einer gelben, kurz abgestutzten, aufwärts gerichteten Schuppe halb und halb verdeckt, so aber, daß im hellen Sonnenschein die glänzende Feuchtigkeit von der Seite her deutlich sichtbar und sehr leicht zugänglich ist. Die Besucher sind auch in erster Linie bloß kleine, kurzrüsselige Bienen und Schwebfliegen.

Die junge, eben geöffnete Blüte zeigt in ihrer Mitte nur einen Hügel aus gelben, am oberen Ende keulig verdickten Staubgefäßen, deren Zahl über zwanzig beträgt.

Einige von ihnen, die am weitesten nach dem Rande zu stehenden, haben ihre Beutel schon geöffnet und sind mit dem gelben Pollen behaftet. Das Aufspringen der Beutel greift allmählich auf die inneren Staubgefäße über und ist mit einem gleichzeitigen Auswärtsbiegen ihrer Fäden verbunden. So verharrt die Blüte eine Zeitlang in ihrem ersten, männlichen Stadium, sie ist vorstäubend. Schließlich wird durch das Heranreifen der innersten Staubgefäße der zentrale Teil der Blüte freigelegt, wo sich eine Gruppe grüner Stempel mit eiförmigem Frucht= knoten und hakenförmiger Narbe erhebt. Die Narben werden empfängnisfähig, noch bevor die letzten Staub= beutel entleert sind, die Blüte steht in ihrem zweiten, dem zwittrigen Stadium, die anfliegenden Insekten können sowohl auf den Kronblättern als den Staubgefäßen bez. Stempeln Fuß fassen. Im ersteren Fall kann nur eine Berührung der Staubbeutel eintreten, also Pollentransport, im andern aber wird, wenn ein Insekt aus einer Blüte des ersten Stadiums sich auf die Stempel einer Blüte des zweiten niederläßt, Fremdbestäubung herbeigeführt. Auch ist bei unruhiger Bewegung des Insekts in einer Blüte des zweiten Stadiums Selbstbestäubung nicht aus= geschlossen.

Da eine schüsselförmig ausgebreitete, dem Licht zu= gekehrte Blume wie die des Hahnenfuß bei jedem Regen= fall ernstlich Gefahr laufen würde, ihres gänzlichen Inhalts an Nektar wie Pollen verlustig zu gehen, so werden hier zwei Maßregeln gegen das Eindringen von Nässe gleich= zeitig getroffen, die wir sonst nur getrennt angewendet finden. Nicht bloß schließen sich bei Regenwetter Kron= und Kelchblätter kuppelartig nach oben zu zusammen, sondern außerdem krümmt sich der Blütenstiel abwärts und bringt

die Kuppel in eine hängende Lage, in welcher der Regen leicht an ihr abrinnt.

Das Vergißmeinnicht (Myosotis palustris).

Rechtstäubende Nektarblume, Nektar völlig geborgen. — Blütezeit: Mai bis August.

Seit Frühlingseinzug grüßen uns wieder aus den Wiesen der Talauen, von Graben= und Teichrändern die blauen Blumenaugen und nicken uns beim Vorüber=kommen ihr trautes „Vergißmeinnicht" zu. Einfach und schlicht wie ihr äußeres Auftreten ist auch ihr Bau. Die verwachsenblättrige Krone entfaltet fünf flach aus=gebreitete, abgerundete Lappen, von denen jeder den folgenden seit=lich ein wenig überdeckt, ähn=lich wie ein Kartenblatt in der Hand des Spielers das andere. Die überdeckenden Ränder der sonst hellblauen Lappen sind weißlich ge=

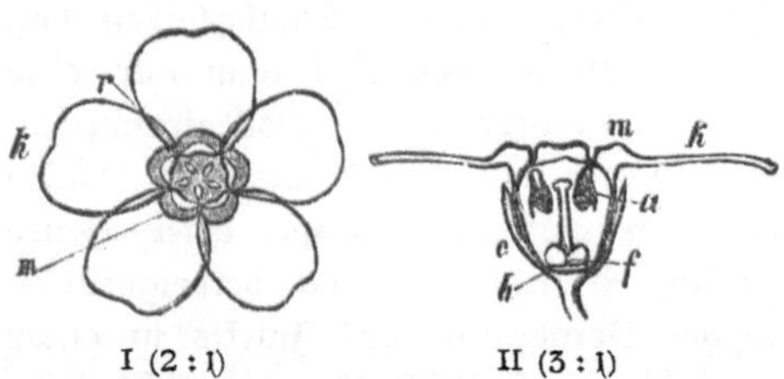

I (2 : 1) II (3 : 1)

Blüte des Vergißmeinnicht. I von oben. *k* die Kronlappen mit den in *r* übereinander greifenden Rändern, *m* das Saftmal; im Blüteneingang sind die 5 Staubbeutel sichtbar. — II im Längsschnitt. *a* die an der Kronröhre entspringenden Staubgefäße, *f* der Fruchtknoten mit Griffel und Narbe, unter ihm das Nektarium *h*. *k* Kronlappen, *m* Saftmal, *c* Kelch.

färbt. In ihrer Mitte läßt die Krone eine kreisrunde Öffnung frei, in deren Umkreis fünf nierenförmige, hoch=gelbe Höcker, je einer vor einem Kronlappen, sitzen und als leuchtendes Saftmal in die Tiefe der nur kurzen, weißlichen Kronröhre hinabweisen. Aber schon dicht

unterhalb der Mündung erscheint die Röhre fast völlig
versperrt durch fünf gelbliche Staubbeutel. Sie sitzen auf
sehr kurzen Fäden, die ihrerseits an der Innenwand der
Röhre entspringen und sind schräg gestellt, so daß sich die
unteren Enden der Beutel in der Röhrenmitte einander
nähern. In der verbleibenden Lücke steht die kleine
rundliche Narbe auf dünnem Griffel, der aus der Mitte
eines ausgeprägt vierteiligen grünen Fruchtknotens im
Kelchgrunde kommt. Um den ganzen Fuß des Fruchtknotens
zieht sich ringförmig das nur schwach entwickelte, wenig
ergiebige Nektarium. Die Kronröhre wird außen noch
umschlossen von einem becherförmigen, fünfzähnigen, behaarten Kelch.

Der Weg zum Nektar führt zwischen den Staubbeuteln hindurch und könnte am besten entweder in der
Mitte der Röhre am Konvergenzpunkt der Beutel oder
zwischen Innenwand der Röhre und oberen Staubbeutel-
enden genommen werden. Der letztere jedoch wird durch
eine merkwürdige Einrichtung der Staubbeutel selbst ge-
sperrt, einen blättchenartigen Auswuchs an ihrem Kopf-
ende, der schräg aufwärts gerichtet ist. Infolge davon
sind die besuchenden Fliegen und Bienen gezwungen, ihren
Rüssel in der Mitte der Röhre einzuführen, wobei sie
mit der einen Seite desselben unfehlbar einen Staubbeutel
berühren und hier mit Pollen bekleben müssen, während
sie mit der anderen Seite die Narbe streifen. Geschähe
das Eintauchen des Rüssels am Rande, so würde er nur
Staubbeutel treffen, mit der Narbe aber überhaupt nicht
in Berührung kommen. Um Fremdbestäubung zu veranlassen, ist allerdings nötig, daß in der nächsten Blüte die
beiden Seiten des Rüssels zu Staubbeuteln und Narbe
gerade die entgegengesetzte Lage einnehmen. Sehr häufig

wird Selbstbestäubung eintreten, sei es, daß der Pollen bei der Bewegung des Insektenrüssels in der engen Röhre auf die Narbe gebracht wird, sei es, daß er bei ausbleibendem Insektenbesuch von selbst aus den weit geöffneten Beuteln auf die daneben liegende Narbe fällt.

Daß nichtsdestoweniger alles geschehen ist, um die Fremdbestäubung zu begünstigen, beweist noch eine Eigentümlichkeit der Knospe. Bei ihr sind die fünf Kronlappen nach oben zusammengeschlagen und bilden wie so oft ein schützendes Kuppeldach, das Regen und Räuber fern hält, aber nun nicht die himmelblaue Farbe der entfalteten Krone, auch nicht ein reines Weiß, sondern zarte rosenrote Töne zeigt. Da offene Blumen und Knospen dicht benachbart auf der Oberseite spiralig nach unten eingerollter Rispenzweige („Wickel“) stehen, kommt dadurch ein neuer Farbengegensatz zustande, der wohl geeignet ist, das Gesamtbild des Blütenstandes auszuschmücken. Die geöffnete Blume findet ihren Regenschutz in der Verengerung der Kronröhre. Seitlich aufschlagende Tropfen prallen an den glatten, gelben Höckern des Saftmales ab, von oben auftreffende werden durch die elastisch wirkende Luft der Röhre abgeschleudert.

Der Wiesenstorchschnabel
(Geranium pratense).

Vorstäubende Nektarblume, Nektar völlig geborgen. — Blütezeit: Juni bis August.

Ende Juli bedecken sich hie und da die schon einmal gemähten, nunmehr zur Grummeternte heranreifenden Wiesen an nassen Stellen mit einem auffälligen Blumenschmuck von violettblauer Farbe. Er gehört stattlichen Pflanzen mit handförmig geteilten Blättern, einem Storch-

ſchnabel*) an. Die 4 cm im Durchmeſſer haltende Blume
wendet ſich nach dem Öffnen der Sonne zu, geht aber
bei Regenwetter in eine hängende Lage über; die Regen=
tropfen treffen daher nur die hintere Seite der Blütenwölbung
und fließen hier wie von einem Schirmdach unſchädlich ab.
Auf den Kronblättern bilden nach dem Grunde zu zuſammen=
laufende Längsadern infolge ihrer Durchſichtigkeit ſowie

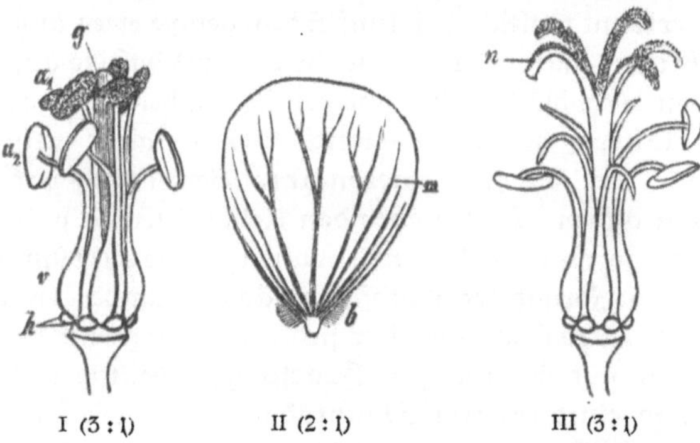

I (3 : 1)   II (2 : 1)   III (3 : 1)

Wieſenſtorchſchnabel. I Stempel und Staubgefäße einer jungen Blüte. Die
Staubgefäße der 1. Generation a_1 mit offenen, die der 2. Generation a_2 mit ge=
ſchloſſenen Beuteln, zwiſchen den Verbreiterungen v der Staubfäden die Nektarien k.
Der Griffel g mit noch zuſammengelegten Narben, der Fruchtknoten von den Staub=
fäden umſchloſſen. — II einzelnes Kronblatt mit dem Saftmal m, ſowie den
Schutzhaaren b für den Nektar. — III ältere Blüte im weiblichen Stadium am
Verblühen, nach Entfernung von Kelch und Krone. Die Narben n ſind entfaltet,
die Staubbeutel beider Kreiſe entleert und größtenteils abgefallen.

eines rötlichen Schimmers, der ihnen anhaftet, ein deutliches
Saftmal. Mit den Kronblättern wechſeln fünf grüne, lang
zugeſpitzte Kelchblätter ab, von denen jedes mit einem
durchſichtigen Hautſaum umgeben und mit drei ſtark hervor=
tretenden Längsrippen verſehen iſt.

    *) Im weſentlichen dieſelbe Blüteneinrichtung zeigt der an
der gleichen Örtlichkeit, nur purpurrot blühende Sumpfſtorch=
ſchnabel (Geranium palustre).

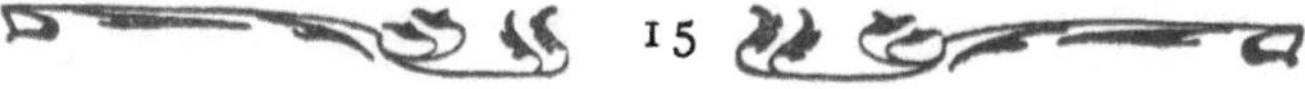

Aus der Blütenmitte erheben sich zehn lange Staub=
gefäße, deren Beutel mit grünlichem Staub bedeckt sind, und
umschließen den Stempel mit noch dicht aneinander gelegten
Narben: die Blume erweist sich als ausgeprägt vorstäubend
(protandrisch). Die roten Fäden der Staubgefäße gehen
an ihrem Grunde in breite weiße Blattflächen über, die
aufrecht zusammenschließen und den Fruchtknoten einhüllen.
Man erkennt zugleich, daß fünf Staubgefäße einen äußeren,
die übrigen einen inneren Ring bilden, und daß die äußeren
vor den Kronblättern, die inneren dazwischen, also vor den
Kelchblättern, stehen, — endlich beim Vergleich mehrerer
Blüten, daß die fünf inneren ihre Beutel noch vor den
äußeren öffnen. Gerade über den Kelchblättern, d. h. immer
zwischen je zwei Kronblättern, erblickt man je einen stumpfen
weißlichen Fortsatz der Staubfadenfläche. Nach dem Heraus=
ziehen des Kronblattes zeigt er sich als breiter grüner Höcker,
der oben mit einem weißen Haarschopf bedeckt ist und der
Fläche je eines inneren Staubfadens ansitzt, wie sich beim
Auseinanderbiegen der Staubfadenflächen mittels einer
Nadel leicht feststellen läßt. Der Raum zwischen dem nach
abwärts gewendeten Höcker und dem Grunde des dicht
darunter liegenden Kelchblattes ist von glänzendem Nektar
erfüllt, der Höcker selbst das Nektarium. Das Abdecken
von oben her wird noch vervollständigt durch einen feinen
Haarbesatz am Grunde der Kronblattränder. Da je zwei
benachbarte Kronblätter ein Nektarium zwischen sich haben,
so schließen jene Haare ihres unteren Randes mit den Haaren
der Nektarienoberseite zusammen und bilden ein schützendes
Dach gegen solche Regentropfen, die sich trotz der ange=
gebenen Stellung der Blume in ihr Inneres verlaufen.

Die auffällige Größe und Färbung der Krone lockt
nicht nur die verschiedensten geflügelten Gäste herbei,

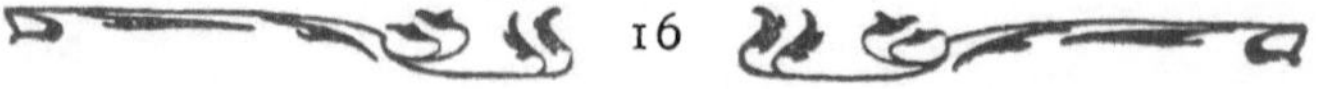

sondern übt ihre Anziehung auf das Heer des am Boden kriechenden Getiers. Um solchen unnützen Fressern, besonders Schnecken und Ameisen, den Weg zur Blüte zu verlegen, sind alle Blütenstiele mit einem dichten Wald von Drüsen= haaren bestanden, deren klebrige Ausschwitzungen den allzu kühnen Eindringling in Fesseln schlagen, aus denen es kein Entrinnen mehr gibt. Als Anflugsort für größere Insekten, wie Bienen und Hummeln, kommen hauptsächlich die empor= ragenden Staubgefäße in Betracht, auf denen sich die Besucher ihre Unterseite mit Pollen bestäuben. Kleinere Insekten, wie Fliegen, dagegen werden häufiger auf den Kronblättern Fuß fassen und dürften dann beim Nektar= saugen oft gar nicht mit den Staubbeuteln in Berührung geraten, falls es ihnen überhaupt gelingt, sich durch die Haarbedachung Zugang zum Nektar zu verschaffen. Mit fortschreitender Entleerung der Staubbeutel biegen sich die Staubfäden nach auswärts, die frei werdende Griffelsäule streckt sich und entfaltet schließlich fünf grünliche, nach außen etwas umgerollte Narbenäste. Die Blüte hat damit ihr zweites, das weibliche Stadium begonnen, in welchem In= sekten, die aus Blüten des ersten Stadiums kommen, beim Anfliegen auf die Griffelsäule den mitgebrachten Pollen an den Narben abstreifen.

Der soeben gebrauchte Ausdruck „Griffelsäule" findet seine Berechtigung in einer Zusammensetzung des scheinbar einfachen Griffels. In einer befruchteten Blüte, der bereits die Kronblätter ausgefallen sind, bemerken wir leicht auf der Außenseite des Griffels fünf Längsfurchen, die nach unten zu in einer dichten weißen Behaarung verschwinden. Dieser etwas angeschwollene, behaarte Teil des Griffels sitzt dem eigentlichen Fruchtknoten, einer grünen, ebenfalls be= haarten und fünfteiligen Scheibe auf. Bei der Reife zerfällt

Worgitzky, Blütengeheimnisse. 2. Aufl.

er in seine fünf Teilstücke und ebenso der Griffel in fünf
mit jenen verbundene Längsstreifen, zwischen denen eine
Mittelsäule sichtbar wird. Die Griffelstreifen bleiben dabei
am oberen Ende der Mittelsäule vereinigt, während sie sich
von unten her einrollen und ihre Teilfrucht nach außen
fortschleudern. Ehe die Reife bis zu diesem Punkt fort-
schreitet, hat der Kelch eine wichtige Rolle des Schutzes
gespielt. Seine fünf Blätter schlagen sich nach dem Ausfallen der Krone nach oben zu zusammen und hüllen die
heranreifende Fruchtscheibe ein. Nur die lange, allmählich
sich verjüngende Griffelsäule ragt aus ihm hervor wie der
Schnabel des Storches aus seinem Kopf. Der Kelch hat
damit eine ähnliche Aufgabe aufs neue übernommen, wie
sie ihm bereits im Knospenzustand zukam, als er die noch
jugendliche Blüte in sich einschloß.

Der Hederich (Raphanus Raphanistrum).

Rechtstäubende Nektarblume, Nektar tief geborgen. — Blütezeit:
Juni bis September.

  Ein Wegelagerer in des Wortes eigentlichster Bedeutung! Denn überall drängt sich der graugrüne Geselle am
Wegrande und macht sich auch sonst an unbebauten Plätzen,
auf Gartenland und im Kartoffelfelde breit. Er gehört
dann zu den wesentlichsten Bestandteilen des viel umfassenden
Begriffes „Unkraut", und im niederdeutschen Norden „ver-
heddern" seine gekrümmten Stengel das zum Trocknen nieder-
gelegte Flachsstroh — eine Unart, die ihm seinen Namen
eingetragen hat. Als echtes Gesindel behauptet er bis tief
in den Herbst hinein die einmal eingenommenen Posten,
und oft noch im Oktober bilden seine schwefelgelben Blumen
den letzten Schmuck der sonst verödeten Stoppeläcker. Wie
häufig im Menschenleben die rauhe Außenseite Besseres

birgt, so gewinnt auch er bei näherer Bekanntschaft, und sein Blumenleben vermag sogar in hohem Grade unsere Teilnahme zu erwecken.

Schon die langgestreckte, walzenförmige Knospe, die in die vier grünen, am Grunde meist purpurn überhauchten Kelchblätter eingepackt ist, gewährt an ihrer Spitze einen seltsamen Anblick. Sie erinnert hier durch eine Anzahl ziemlich starker Borsten, die steif nach allen Seiten abstehen, unwillkürlich an die dürftig behaarte Schnauze der sonst kahlen Walrosse oder gewisser delphinartiger Meeressäugetiere, wozu auch ihre plumpe Form vortrefflich paßt. Daß diese Borsten eine Abwehr gegen Liebhaber zarter junger Blütenteile darstellen, leuchtet ohne weiteres ein, tritt aber noch klarer an der sich eben öffnenden Knospe hervor, wo gerade an der beborsteten Stelle der Spitze die Kelchblätter auseinander weichen, und sich zwischen ihnen ein gelbes Gebilde, die sorgsam zusammengelegte Krone herausschiebt. Die vier Kronblätter entfalten sich schließlich zu einem vierarmigen Kreuz, das weit über den Acker leuchtet und die Zugehörigkeit der Pflanze zur Familie der Kreuzblütler schon von fern erkennen läßt. In der Kronmitte erheben sich vier aufrechte gelbe Staubbeutel und zwischen diesen ein runder grüner, zweiteiliger Narbenknopf, der einem langen, auffällig schlanken und walzenrunden Fruchtknoten aufsitzt — der ganze Stempel ähnelt dadurch einer kurzen, kräftigen Stecknadel —, während noch zwei kürzere Staubgefäße einander gegenüber dem äußeren Rand der Blüte angeschmiegt liegen.

So einfach dieser Blütenbau auf den ersten Blick erscheint, so fein organisiert erweist er sich bei eingehender Untersuchung. Wir haben bisher nur die obere Ansicht der Blüte geschildert, unter der wagrecht ausgebreiteten Krone aber liegt noch ein über 1 cm langer, röhrenartiger

2*

Teil, der der Blüte große Ähnlichkeit mit der einer Nelke verleiht. Er wird außen von vier Kelchblättern umschlossen, die in ihrem mittleren Teile während der eigentlichen Blüte= zeit vereinigt bleiben und eben dadurch die Röhre bilden, dagegen am un= teren Ende sich nach außen und unten auf= bauchen und krönchenartig et= was auseinan= derweichen. Sie haben hier den im Innern sich entwickelnden Nektarien Platz zu schaffen, wie wir sofort ge= nauer sehen werden. Zu= gleich bemerken wir, daß zwei der gegenüber= stehenden Kelch=

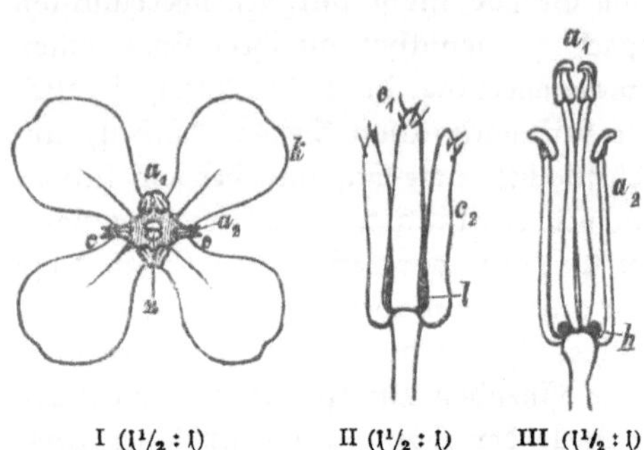

I (1½ : 1)   II (1½ : 1)   III (1½ : 1)

Hederich. I Blüte von oben. k die Platten der Kron= blätter, von den vier Kelchblättern sind nur die Spitzen c der beiden vor den kürzeren Staubgefäßen stehenden sicht= bar. a_1 die längeren, a_2 die kürzeren Staubgefäße, n die zweiteilige Narbe; zwischen ihr und den Beuteln der kür= zeren Staubgefäße erkennt man die beiden Zugänge zum Nektar. — II der Kelch in Längsansicht. c_1 die vor den längeren, c_2 die vor den kürzeren Staubgefäßen stehenden Kelchblätter, die letzteren deutlich tiefer am Stiele ein= gelenkt als die andern, l Lücken zwischen beiden. — III die Staubgefäße; von den längeren a_1 sind nur zwei sichtbar, hinter den kürzeren a_2 die Nektarien h.

blätter etwas tiefer am Stengel sitzen als die beiden zwischen ihnen befindlichen, auch sind jene, besonders am Grunde, deutlich breiter als die höher stehenden. Wenn wir diese breiteren und tieferen Kelchblätter entfernen, so treffen wir jederseits auf eins der kurzen Staubgefäße, das mit seinem Faden in der Aussackung des Kelchblattes unter dem Fruchtknoten entspringt. Unmittelbar über seinem Grunde, also zwischen Fruchtknoten und dem Staubfaden, stehen

jederseits zwei grüne, mit ihren Basen verschmolzene Knöt=
chen, überzogen von glänzendem Nektar.

Nehmen wir nunmehr auch die schmäleren, höheren
Kelchblätter ab, so stoßen wir zunächst jederseits auf die
Stiele zweier Kronblätter. Wie bei den Nelken (s. d.) sind
auch hier die Kronblätter genagelt, der vorhin geschilderte,
von oben sichtbare Teil war die Platte des Nagels, der
Stiel befestigt das Kronblatt unter dem Fruchtknoten. Hinter
jedem Kronblattstiel endlich liegt je ein Staubfaden der
vier längeren Staubgefäße. Diese vier Staubfäden sind
etwas verbreitert und schließen den Fruchtknoten, indem sie
auch nach der Seite der kürzeren Staubgefäße hin herum=
greifen, wie in eine Scheide ein, nur das obere Drittel mit
der Narbe frei lassend. Da sich ihnen rückwärts wieder die
Kronblattstiele und diesen die schmäleren Kelchblätter dicht
anlegen, so entsteht durch alle diese Teile zusammen mit
dem Fruchtknoten eine die ganze Blüte durchsetzende Längs=
scheidewand, die die beiden Nektarienpaare und die kürzeren
Staubgefäße voneinander trennt und ebenso die langen,
röhrenartigen Zugänge, die von der oberen Fläche der Blüte
her zum Nektar hinabführen. Der Querschnitt der Blüte
läßt sich daher dem groben Umriß nach am besten mit einer
Acht vergleichen, wobei die beiden Kreise der Acht den Zu=
gängen zum Nektar entsprechen, die Berührungsstelle der
Kreise aber der angegebenen Scheidewand. Die Wände
jener Röhrenzugänge sind aus einzelnen Längsstücken auf=
gebaut und werden nach innen von den Fäden der großen
Staubgefäße gebildet, die zugleich verhüten, daß beim Be=
fahren der Röhre mit dem harten Insektenrüssel die Ober=
fläche des jugendlichen Fruchtknotens geritzt werden könnte.
Die Außenwand der Röhre gibt das kürzere Staubgefäß
ab mit dem breiteren Kelchblatt hinter ihm. Wesentlichen

Anteil an der Bildung der Röhren und ihrer Versteifung haben außerdem noch die Stiele der Kronblätter, die sich nach oben zu verbreitern und hier das kürzere Staubgefäß von außen umfassen. Eine Längsleiste auf ihrer Innenfläche gibt dem Faden dieses Staubgefäßes Halt, während sie gleichzeitig nach der anderen Seite hin dem Faden des benachbarten längeren Staubgefäßes als Widerlager dient. Die Platte der Kronblätter läßt übrigens eine zierliche Aderung erkennen, die häufig sepienbraune Färbung aufweist. Die Adern vereinigen sich in einer vertieften Mittelrinne, die als Saftmal in die Nektarröhre hinabführt.

Für wen ist nun dieser Bau so kunstvoll gefügt? Nur langrüsselige Insekten können bei der auffällig tiefen Lage des Nektars in Frage kommen. In der Tat läßt sich leicht beobachten, wie gerade diese Blumen Lieblingstummelplätze gewisser Schmetterlinge, der Sommergeneration unserer Weißlinge, sind, und außerdem von langrüsseligen Schwebfliegen und Immen aufgesucht werden. Der ankommende Schmetterling findet seinen Sitzplatz auf der Platte eines Kronblattes und muß dann beim Eintauchen des Rüssels in das Nektarrohr mit der einen Seite desselben den Beutel eines der längeren oder des kürzeren Staubgefäßes und mit der anderen Seite die Narbe streifen. Beim Besuch der nächsten Blüte wird ein kleiner Wechsel in der Stellung des Insekts Fremdbestäubung bedingen, ohne daß jedesmal Selbstbestäubung ausgeschlossen wäre, die aber nach vorliegenden Beobachtungen erfolglos bleibt. Beim Öffnen der Blüte machen die Beutel der längeren Staubgefäße eine langsame Auswärtsdrehung nach der Seite der benachbarten Nektarröhre zu und erleichtern damit die Berührung ihrer pollenbesetzten Innenfläche mit dem Insektenrüssel.

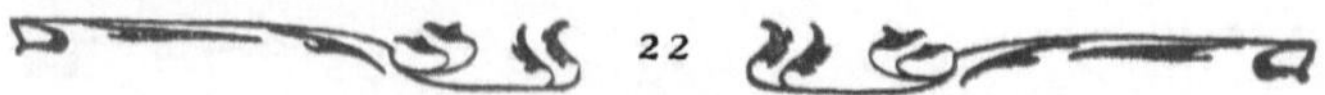

Erst nach eingetretener Befruchtung beginnen die Kelchblätter sich voneinander zu lösen, die Kronblattstiele und mit ihnen die Staubfäden verlieren ihren Halt und lockern sich, die Platten der Kronblätter krümmen sich wieder nach oben zusammen. So bieten noch eine Zeitlang die absterbenden Blütenteile dem sich entwickelnden Fruchtknoten Schutz, bis sie allmählich abfallen. Aber noch an der heranwachsenden Schotenfrucht erkennt man die Stelle der einstigen Nektarien an zwei niedrigen, einander gegenüber liegenden Höckern.

Die weiße Taubnessel (Lamium album).

Rechtstäubende Hummelblume, zweilippig. — Blütezeit:
April bis Oktober.

Während der ganzen wärmeren Jahreszeit werden Hecken und Zäune, Weg- und Gebüschränder von Trupps kräftiger Stauden mit aufrechten, vierkantigen Stengeln umsäumt, deren große, lang zugespitzte, gegenständige Blätter in Form und Stellung an die der echten Nesseln erinnern, aber keine Brennhaare tragen. Aus ihren Achseln erheben sich wie frisch gestärkte Halskrausen, nur in mehreren Stockwerken übereinander, Quirle ansehnlicher weißer Blumen. Jede von ihnen sitzt aufrecht in einem grünen, becherförmigen, längsgerippten Kelch, der an seinem Rande fünf langspitzige Zähne zeigt, und da er schräg aufwärts gerichtet ist, mit der Krone einen stumpfen Winkel bildet. Beim Herausziehen der verwachsenblättrigen Krone aus dem Kelch überblicken wir vollständig ihre seltsame Form, an der hauptsächlich drei Teile hervortreten. Den Hauptteil bildet eine geräumige Röhre, die in ihrem untersten Drittel plötzlich verengert und knieförmig um-

gebogen ist, das umgebogene Stück steckt im Kelch, dem die
Röhre am Grunde eingefügt ist, und veranlaßt den Winkel
zwischen Krone und Kelch. Die weite Röhrenmündung ist
schräg geöffnet und links wie rechts mit je einem scharf
vorspringenden Seitenlappen versehen, der an seiner Ecke
in einen spitzen, schräg nach unten ragenden Zahn ausläuft.
Dem unteren bez. oberen Rande der Röhre sitzen die beiden
anderen, breit vorspringenden Kronteile an, die mit der weiten
Röhrenmündung zwischen sich einem geöffneten Rachen vergleichbar sind und deshalb „Unter- und Oberlippe" heißen.

Die Unterlippe ist zweilappig und wagrecht vorgestreckt,
ihre beiden Lappen sind seitlich herabgeschlagen, so daß sie
Ähnlichkeit mit einem Radfahrsattel gewinnt. Die viel
größere, eiförmig gerundete Oberlippe überdeckt haubenartig die ganze Blüte von oben her und bildet ein vor-
zügliches Regendach. Die aufschlagenden Tropfen gleiten
an ihrer Wölbung ab und werden weiterhin durch einen
dichten Besatz weißer Wimperhaare an ihrem Saume zerteilt.
Unter ihr, ihrer Innenfläche dicht angeschmiegt, finden wir
die des Regenschutzes am meisten bedürftigen Teile unter-
gebracht: vier längliche schwarzbraune, am Rande weiß
bewimperte Staubbeutel, die in der Mitte mit gelbem Pollen
bedeckt und in zwei Paaren übereinander geordnet sind, und
zwischen ihnen, wie aus Schlangenrachen hervor züngelnd,
die zweispaltige Narbe. Der eine Narbenast ragt aus der
Fläche der Staubbeutel nach unten zu rechtwinklig hervor,
der andere bildet die gerade Fortsetzung des zwischen den
kräftigen weißen Staubfäden lagernden, ebenfalls weißen
Griffels und dient offenbar der Oberlippe beim Auftreffen
schwerer Tropfen als Versteifungsvorrichtung. Griffel und
Staubfäden aber sehen wir im Eingang der Röhre verschwinden.

Wenn wir die Kronröhre an ihrer Vorderseite der Länge nach aufschlitzen, zeigt sich, daß die vier Staubfäden an ihrer hinteren Wand entspringen, während der Griffel die ganze Röhre durchsetzt und tief unten im Kelch der Mitte eines vier= teiligen, grünen Fruchtknotens auf= sitzt. Wir bemerken bei derselben Ge= legenheit, daß das Knie an der Innen= seite der Röhren= wand eine schräg= gestellte Ringfalte mit dichtem Haar= besatz trägt. Da

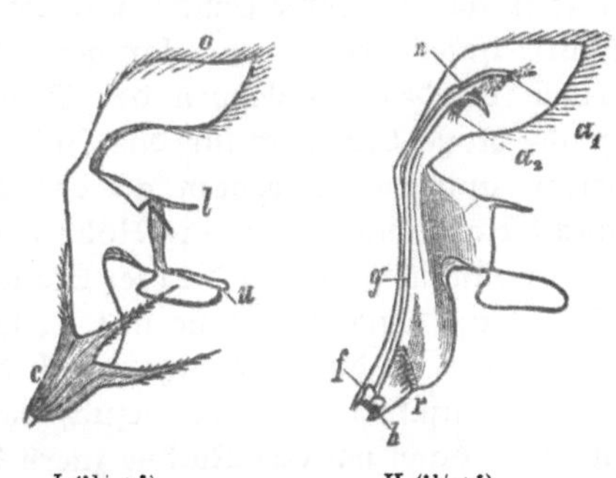

I (1½ : 1)   II (1½ : 1)

Blüte der weißen Taubnessel. I in Seiten= ansicht. o Ober=, u Unterlippe, l Seitenlappen der Krone mit ihren Zähnen. c der Kelch. — II im Längs= schnitt. Unter der Oberlippe ein längeres Staub= gefäß a_1, ein kürzeres a_2, sowie die zweispitzige Narbe n. Der Griffel g durchzieht die ganze Kronröhre und sitzt dem vierteiligen Fruchtknoten f auf; h das Nektarium, durch den Haarring r nach oben abgedeckt.

hier gleichzeitig die Kronröhre seitlich zusammengedrückt ist, so entsteht ein leichter Verschluß des darunter liegenden Röhrenstückes, etwa wie ihn unsere Augenlider in sehr genäherter Haltung bewirken. Das ganze untere Röhren= ende ist nämlich mit Nektar erfüllt, der von einem mehrfach gelappten, die Basis des Fruchtknotens vorn und an den Seiten umziehenden Nektarium abgeschieden wird, und gar mancher von uns mag sich bei der erneuten Feststellung dieses Tatbestands entsinnen, wie er einst als Kind die Süßigkeit des unteren Kronröhrenrandes mit der eigenen Zunge erprobt hat.

Infolge seiner tiefen und versteckten Lage ist der Nektar

nur langrüſſeligen Hummeln zugänglich. Das Tier fliegt
auf der Unterlippe an und findet hier als Saftmal eine
Anzahl gelblichgrüner Punkte und Striche vor, die in die
Röhre hinein weiſen. Es klammert ſich mit den Vorderbeinen an den Seitenlappen der Röhre feſt, deren Zähne
ſo als bloße Beinhalter für das Inſekt erſcheinen, mit den
beiden anderen Beinpaaren an der Unterlippe ſelbſt und
taucht Kopf und Bruſt in die Röhrenmündung. Dieſe füllt
es ſo vollſtändig aus, daß die vier Staubbeutel ſeiner Rücken-
fläche dicht aufliegen und ſie mit Pollen beladen, während
es bemüht iſt, die Rüſſelſpitze durch den Haarring in den
Nektar einzuführen. Beim Beſuch der nächſten Blüte berührt es dann mit dem Rücken zuerſt den herabhängenden
Narbenaſt und belegt ihn mit Pollen, ehe es aufs neue die
Staubbeutel trifft. Beim Herauskriechen aber drückt es den
Narbenaſt in die Höhe, ſtreift alſo nur ſeine Unterſeite, die,
weil ohne Papillen, nicht belegungsfähig iſt. Die Fremdbeſtäubung wird ſo mit nie verſagender Sicherheit vollzogen,
daß Selbſtbeſtäubung kaum in Frage kommt.

Freilich wird die geräumige und weithin ſichtbare
Krone von mancherlei anderen Gäſten beſucht, die zur Fremdbeſtäubung nichts beitragen können. Davon ſind die kleineren,
wie Käfer, meiſt harmlos, ſie benutzen die Röhre nur als
Unterſchlupf, ohne den Nektar rauben zu können, weil ihre
geringe Kraft nicht hinreicht, die Haare der Ringfalte auseinander zu drängen. Sie iſt hauptſächlich als Nektarſchutz
gegen dieſe Art Störenfriede, die infolge ihrer Kleinheit
Staubbeute und Narben gar nicht berühren können, errichtet,
während ſie vom Rüſſel der Hummel ſpielend durchſtoßen
wird. Solchen kleinen Eindringlingen gegenüber ſcheint
auch der Wimperſaum an der Oberlippe eine beſondere
Bedeutung zu beanſpruchen, inſofern er einen Stachelzaun

gegen das Überklettern zu den Staubbeuteln von oben her abgibt, die ihnen ja von unten aus fast ebenso unerreichbar bleiben. Da die Blume nur vier Staubbeutel besitzt, hat sie allen Grund, ihren Pollen sorgsam zu hüten. Sehr häufig treffen wir Ameisen in den Blüten, denen es gelungen ist, den senkrechten Stengel zu erklettern, oder die sich von den Zweigen benachbarter Pflanzen auf sie herabgelassen haben. Sie kriechen dank ihres schmächtigen Körpers bequem in die Kronröhre ein, öffnen die Ringfalte mit ihren Kiefern und lecken dann mit der Zunge Nektar. Sie füllen aber den Blüteneingang nicht aus, kommen daher auch nicht mit den Staubbeuteln in Berührung und vermögen so wenigstens keinen Pollenverlust herbeizuführen. Befriedigt pflegen sie sich zurückzuziehen, ohne weiteren Schaden zu stiften. Gefährlicher sind die Besuche kurzrüsseliger Hummeln, deren dicker Leib sich nicht weit genug in die Kronröhre einschieben läßt, um den Rüssel in den Nektar tauchen zu können. Sie beißen deshalb von außen Löcher in die Röhre und holen ihn dort heraus; die einmal gebissenen Löcher werden dann zum gleichen Diebstahl häufig von der Honigbiene mit benutzt.

Bei so reichlichem Insektenzuspruch bedürfen die dicht über und neben den schon geöffneten Blumen stehenden Knospen des Schutzes, soll es nicht hungrigen Ankömmlingen einfallen, zerstörend in ihr Inneres einzubrechen. Die ganze Knospe hat noch verkürzte, stark gedrungene Formen und ähnelt ungefähr dem Bogen eines verdickten Fragezeichens. Die Unterlippe ist wie ein Mantelkragen emporgeschlagen und wird von der über sie herabgebogenen Oberlippe so fest überdeckt, und der Verschluß durch die anliegenden Wimpern der letzteren gedichtet, daß man Mühe hat, beide zu lösen.

Sogar die Früchte stehen noch in einer Beziehung zu den Ameisen. Es sind schwarze, länglich dreikantige Nüßchen,

in die sich der vierteilige Fruchtknoten auflöst. Gewöhnlich gelangen nur drei oder noch weniger zur Reife, während die übrigen in der Enge des Kelchgrundes erdrückt werden. Die reifen glattwandigen Früchtchen lockern sich im Kelch und werden dann bei Erschütterungen des Stengels im Winde oder durch vorbeistreifende Tiere leicht herausgeschleudert. Aber auch auf dem Boden finden sie noch keine Ruhe. Sie sind mit einem weißen fleischigen Stielansatz versehen, der sogenannten Nabelschwiele, die die Ameisen als Leckerbissen betrachten. Infolgedessen beknabbern sie nicht nur die Früchtchen, wo sie sie antreffen, sondern schleppen sie mit sich nach ihrem Bau, verlieren unterwegs welche oder lassen sie beim Ermüden zurück und tragen damit nicht wenig zur Verbreitung der Taubnessel bei. So erscheinen die Ameisen hier, freilich ungewollt, als freundliche Helfer, während sie sonst und mit Recht den Blumen nur als Schäd-linge gelten.

Die Schwertlilie (Iris germanica).

Getrenntzwittrige (herkogame) Hummelblume mit getrennten Nektarzugängen. — Blütezeit: Mai, Juni.

Um dieselbe Zeit, wo der Mohn in den Getreide-feldern erscheint, erhebt sich aus dem Schilf der Teichränder auf kräftigem, wenig verzweigten Stengel eine unserer schönsten Sommerblumen, die gelbe Schwertlilie, und bequemer für uns erreichbar, öffnet auf den Beeten des Gartens ihre süd-deutsche Artgenossin die großen violettblauen Blumen.*) Die

*) Die Blüte der gelben Iris Pseudacorus unterscheidet sich von der blauen I. germanica hauptsächlich durch das Fehlen der Haarreihen auf den größeren Perigonblättern; an ihrer Stelle bildet dort eine bunte Zeichnung das Saftmal.

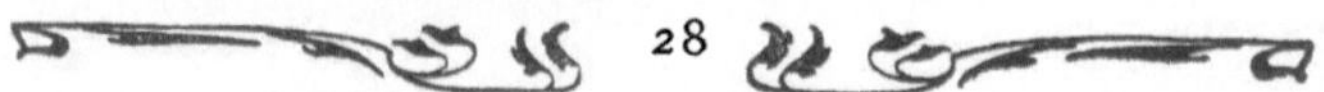

Knospen der letzteren sind mehrfach in einen Mantel häutig berandeter Hochblätter eingepackt, aus denen sich später die Knospenspitze herausschiebt, die ihrerseits aus den Blüten= hüllblättern zusammengewickelt ist. Aber auch nach der Entfaltung bleibt der Grund der Blüte in den Hochblättern verborgen, und wir müssen diese entfernen, um den edelsten Teil, den unterständigen, glänzend grünen Fruchtknoten bloß= zulegen, dem vor allem nunmehr der Schutz der Hochblätter gilt. Auf dem Fruchtknoten erhebt sich ein hellgrüner, röhrenartiger Blütenteil und trägt an seinem Saume sechs blaue Blumenblätter, von denen die drei größten, mit dunkelblauen Streifen dicht besäeten, nach unten zu über= hängen, während die drei kleineren, mattblauen aufrecht stehen und nach oben zusammenneigen. Sie stellen Kelch und Krone zugleich vor, bilden also ein Perigon.

Auf den herabhängenden großen Blumenblättern erregt ein sonderbares Gebilde unsere Aufmerksamkeit, das sich am besten mit der kurz geschnittenen Mähne eines Ponys vergleichen läßt, aber aus hochgelben Haaren besteht und längs der Mittellinie des Blattes nach innen führt. Dicht über diesem gelben Haarstreifen wölbt sich je ein mattblaues, längliches, am oberen Ende mit zwei zierlich zugespitzten Öhrchen versehenes Blättchen, die alle drei vom Mittelpunkt der ganzen Blüte, dem oberen Ende der Röhre her auseinander weichen und durchaus den Eindruck von Kronblättern machen. Doch haben wir es nur mit drei auffällig großen, kronblattartigen Narbenästen zu tun. Ihr gemeinsamer Griffel, dem sie entspringen, füllt das Innere der grünlichen Kronröhre aus, wie uns ein Querschnitt durch diese Röhre sofort erkennen läßt. Der empfängnis= fähige Teil, also die eigentliche Narbe, beschränkt sich freilich auf eine dicht unter den Öhrchen quer vorspringende schmale

Leiſte, und auch hier nur auf die nach vorn gekehrte Seite derſelben. Der Raum zwiſchen den Narbenäſten und den breitlappigen, darunter liegenden Perigonblättern bildet je eine Art Tunnel, auf deſſen Grund die gelbe Haarreihe entlang zieht, während die ſchmale Narbenleiſte quer über dem Eingang lagert. Wenn wir behutſam eins der ge= öhrten Narbenblätter nach oben biegen, ſo entdecken wir im Tunnel ein einzelnes großes Staubgefäß — die ganze Blüte enthält alſo deren nur drei —, das ſeinen Beutel dem Narben= aſt dicht anſchmiegt und ihn nach unten, der gelben Haar= reihe zu, öffnet. Der Staub= faden entſpringt am Grunde des äußeren Perigonblattes und durchſetzt den unteren Ab= ſchnitt des Tunnels der Länge nach. In der Tiefe des zwiſchen ihm, dem Perigon= und

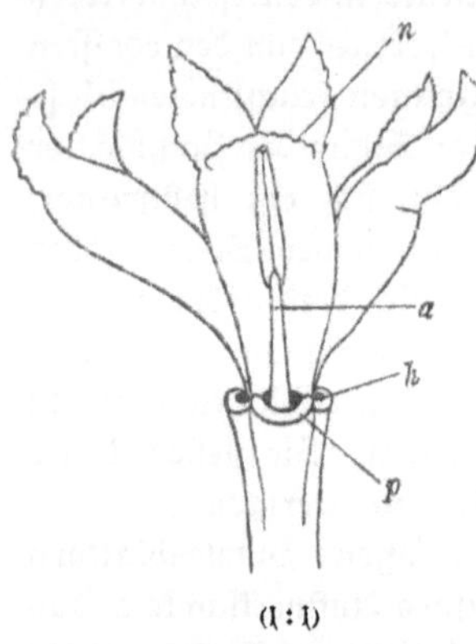

(1 : 1)

Schwertlilie. Oberer Teil der Peri= gonröhre mit den drei Narbenblättern. *n* eigentliche Narbe unter den Öhrchen des Narbenblattes, *a* das ſeiner Wöl= bung angelehnte Staubgefäß. *h* die Eingänge zum Nektar, *p* Anſatzſtellen der großen unteren Perigonblätter.

Narbenblatt noch frei bleibenden Raumes aber ſammelt ſich eine glänzende Flüſſigkeit, der Nektar, deſſen ſeitliches Ausfließen über den Rand der größeren Perigonblätter durch die Stiele der kleinen Perigonblätter verhindert wird, die hier in den Zwiſchenräumen der größeren den völligen Abſchluß der drei Perigonröhren herſtellen. Somit ſind drei durchaus getrennte Zugänge zum Nektar geſchaffen, die je ein Staubgefäß und eine Narbe bergen, die große Blume erſcheint dadurch in ihrer Geſamtheit geradezu in drei

Tochterblumen aufgelöst, und nur der allen gemeinsame Fruchtknoten kann uns hindern, sie als eine Gesellschaft von Einzelblüten, einen Blütenstand, aufzufassen.

Die Anwesenheit des Nektars liefert uns den Schlüssel für das weitere Verständnis der seltsamen Blüteneinrichtung. Das anfliegende Insekt — es handelt sich ausschließlich um Hummeln — läßt sich auf dem breiten Perigonlappen als willkommenen Sitzplatz nieder, findet hier die grellgelbe Haarallee, der es wie der Baumreihe einer Heerstraße folgt, und wird so in den Tunnel geführt, in dessen Hintergrund sich ihm das erquickende Naß darbietet. Während es trinkt, liegt der nach unten zu offene Staubbeutel gerade auf dem Rücken des Insekts und bepudert ihn reichlich mit Pollen. Ahnungslos trägt es diesen mit sich fort zur nächsten Blüte, wo es ihn beim abermaligen Hineinkriechen in den Tunnel an der vorstehenden Narbenleiste abstreift und diese befruchtet. Beim Herauskriechen nach rückwärts dagegen wird die Narbenleiste nach oben emporgeklappt, so daß ihre empfängnisfähige Seite verdeckt und die Befruchtung durch den Pollen der eigenen Staubgefäße verhütet wird. Durch die gegenseitige Stellung von Staubbeutel und Narbe im Tunnel wird also jede Selbstbestäubung unmöglich gemacht, die Irisblume ist getrenntzwittrig (herkogam). Gewöhnlich pflegen die Hummeln alle drei Nektarröhren ein und derselben Blüte durch ein abgekürztes Verfahren der Reihe nach auszubeuten, indem sie aus der zuerst von ihnen besuchten nicht rückwärts herauskriechen, sondern mit den Beinen seitwärts auf das benachbarte Perigonblatt übergreifen und den Körper nachziehen. Sie entleeren auch diese zweite Nektarröhre und gelangen ebenso zur dritten. Erst dann suchen sie eine neue Blüte auf und vollziehen dort die Fremdbestäubung beim Eindringen in die erste Nektarröhre.

Sehr bald nach der Befruchtung welkt die prächtige Blume, wobei sich die drei größeren Perigonlappen ebenfalls emporkrümmen und zusammen mit den schon aufrecht stehenden kleineren sowie den Narbenblättern einen Knäuel bilden, der zunächst das Blüteninnere abschließt und eindringendes Regenwasser ebenso wie fressende Insekten abhält. Schließlich vertrocknet das Perigon völlig und löst sich als Ganzes von der Spitze des Fruchtknotens ab, der sich unter der Hülle seiner Hochblätter weiter entwickelt. Den Regenschutz für die offene Blüte haben in ausgezeichneter Weise die breiten Narbenäste besorgt, die den ganzen Tunnel mit Haarreihen und Staubbeuteln wie den Nektar überwölben und auffallende Regentropfen an ihrer Wölbung abspringen lassen. Das Einlaufen des Regens in die zentrale Vertiefung zwischen den Narbenästen aber wehren die kuppelartig darüber geschlagenen drei kleineren Perigonblätter ab.

Das Veilchen (Viola odorata).

Rechtstäubende Bienenblume mit Nektarsporn. — Blütezeit:
März, April.

Auch du, blaue Blume der Bescheidenheit und Sinnigkeit mit dem köstlichsten aller Wohlgerüche, sei gewärtig, daß wir statt mit schmeichelndem Wohllaut der Dichtung mit nüchternen Worten der Wissenschaft dir nahen, um die wahren Schicksale deines Lebens zu erzählen. Der erste Amselschlag des jungen Frühlings hat es wach gerufen, und noch zwischen braunem Laub und vergilbten Halmen an der Hecke haben sich deine duftenden Blüten erschlossen und locken die spärlich fliegenden Honigbienen herbei. Eine freundliche Aufnahme wartet ihrer. Besteht doch das auf-

fälligste Merkmal an der Blüte in dem großen, reichlich gefüllten Nektargefäß, das in Form eines geräumigen Sporns vom untersten der fünf Kronblätter gebildet wird und der Blüte einen ausgesprochen unregelmäßigen Charakter ver= leiht. Der Sporn ist nach rückwärts und etwas schräg aufwärts gerichtet und findet so Schutz unter der Krümmung des am oberen Ende, dicht unter der Blüte, hakenförmig umgebogenen Blütenstengels. Die fünf lanzettlichen Kelch= blätter gruppieren sich um den Blütengrund derart, daß sie die Blüte hauptsächlich von oben und den Seiten her ziemlich fest bedecken und dadurch zusammenhalten, den Sporn selbst aber frei lassen. Jedes ist an seiner Basis noch mit einem kurzen, läppchenartigen Anhängsel versehen. Die übrigen vier Kronblätter stehen in zwei Paaren über dem gespornten, inmitten aller liegt der Blüteneingang. In seinem Umkreis geht nicht nur das Violettblau aller Kronblätter ins Weiß= liche über, sondern das untere zeigt als besonderes Saftmal dunkelviolette, nach dem Blüteneingang hinführende Adern. Das Eindringen des Regens wird durch eine schwache Schrägstellung der Blüte und die überwölbenden oberen Kronblätter abgehalten.

Blicken wir gerade von vorn in den Blüteneingang hinein, so gewahren wir eine grüne hakenförmige Narbe und hinter ihr einen Ring von fünf orangeroten Läppchen, die das Farbenbild der Blume wesentlich vervollständigen. Erst beim Zerlegen der Blüte gelingt es uns, etwas Näheres festzustellen. Die Läppchen sind kleine spitze Anhängsel am oberen Ende der fünf hellgelben Staubbeutel, die auf kurzen Fäden rings um einen grünen stumpfkegligen Fruchtknoten stehen und ihm fest angedrückt sind. Die Anhängsel greifen seitlich mit ihren Rändern etwas übereinander und bilden so rund um den Griffel einen kleinen Behälter, in dem sich

der Pollen sammelt, den die sich nach innen öffnenden Beutel
entleeren. Zwischen ihnen hervor ragt auf kurzem, schwach
gebogenem Griffel die Narbe, wie ein junges Vögelchen
den nackten Hals und Kopf aus dem Nest hervorstreckt, und
kommt infolge der Krümmung des Griffels gerade über den
Eingang des Sporns zu liegen. Der Bau dieser Narbe
und ihre Rolle ist seltsam genug. Wir bemerken an ihrem Ende
ein schmales, herabhängendes
Läppchen und darüber eine mit
Feuchtigkeit erfüllte Vertiefung.
Kommt nun ein Insekt, so nimmt
es auf dem vergrößerten unteren
Kronblatt Platz, hält sich an den
nächst oberen mit den Beinen
fest und führt, dem Saftmal folgend, den Rüssel in den Sporn.
Dabei streift es unfehlbar mit
der Oberseite seines Rüssels das
Narbenende von vorn und läßt
etwa mitgebrachten Pollen an
ihm zurück. Beim Zurückziehen
des Rüssels dagegen nimmt es als
Entgelt ein Tröpfchen Feuchtig-

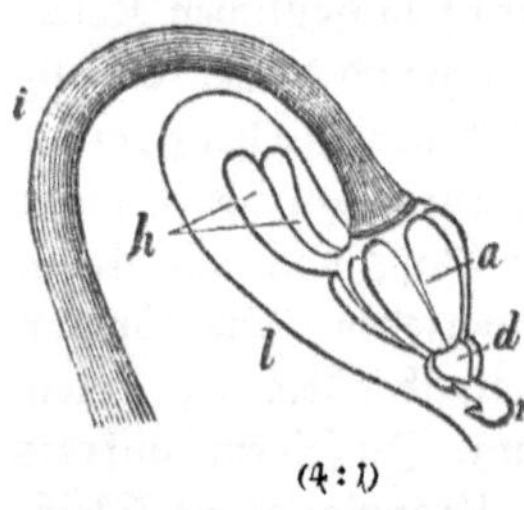

(4:1)

Veilchen. Stempel und Staubgefäße in Seitenansicht. *a* der
Staubbeutelkegel, der den Fruchtknoten umgibt, *d* die Anhängsel
der Staubbeutel; *n* die Narbe mit
ihrem Läppchen. *h* die beiden
Nektarien im Blütensporn, dessen
Umriß durch die Linie *l* angedeutet
ist; *i* der den Sporn überdeckende
gebogene Blütenstiel.

keit auf dem Rüssel mit, die den neu aufzuladenden Pollen
besser haften läßt. Dieser fällt von selbst aus seinem Behälter zwischen den Anhängseln der Staubgefäße auf den
Rüssel herab, wenn dieser Narbe und Griffel empordrückt
und dadurch den Staubgefäßkegel öffnet.

Im Sporn findet die Biene das ersehnte Naß in reicher
Menge. Wenn wir ihn seitlich öffnen, gewahren wir, wie
die beiden unteren Staubgefäße von der Rückseite ihres
Fadens aus je einen langen keulenförmigen Fortsatz von

grüner Farbe in den Sporn entsenden. Das sind die beiden
Nektarien, die schon aus ihrem Umfang ihre Leistungs-
fähigkeit erraten lassen. Auch durch Anstoßen des Rüssels
an diese Fortsätze muß übrigens der Staubgefäßkegel weiter
geöffnet und erschüttert werden und eine erneute Entleerung
seines Pollens erfolgen.

Bei dem bleibenden Verschluß des Staubgefäßkegels,
der sich nur durch die Arbeit des Insektenrüssels öffnet,
erscheint Selbstbestäubung in diesen Blumen völlig ausgeschlossen. Und doch hat sich die Pflanze die Möglichkeit
zu einer solchen offen gehalten. Im Spätsommer, etwa im
August, können wir an den Ausläufern des Veilchens dicht
über dem Erdboden neu gebildete, mäßig langgestielte
Blütenknospen beobachten, die sich aber niemals öffnen,
vielmehr mit der Spitze abwärts gekehrt bleiben. Sie
zeigen auch im Innern knospenartigen Bau, enthalten
unter dem geschlossenen Kelch fünf kleine zusammenneigende,
weißliche Kronblättchen und fünf kleine Staubbeutel.
Auch diese bleiben geschlossen, ihre Pollenkörnchen treiben
aber schon innerhalb der Beutel die Pollenschläuche, die
in die von den Beuteln umhüllte Narbe einwachsen,
durch sie den Fruchtknoten erreichen und dort regelrechte
Befruchtung der Samenanlagen veranlassen. Die Folge
ist die Ausbildung einer Kapsel, die sich nicht selten an
dem abwärts gekehrten Stiel in den lockeren Erdboden
einbohrt, um in seinem Schutze zu reifen. Unser Veilchen
gehört also zu den verborgenstäubenden (kleistogamen)
Pflanzen und bedient sich der Selbstbestäubung unter
solch merkwürdigen Umständen als eines letzten Mittels,
wenn regenreiche Wochen oder zu versteckte Lage im Frühjahr
die Fremdbestäubung seiner buntkronigen offenen Blumen
verhinderte.

3*

Die Wiesenglockenblume
(Campanula patula).

Vorstäubende Bienenblume. — Blütezeit: Mai bis August.

Als Genosse des goldgelben Hahnenfußes mischt die Glockenblume*) in das frische Grün der Frühlingswiesen

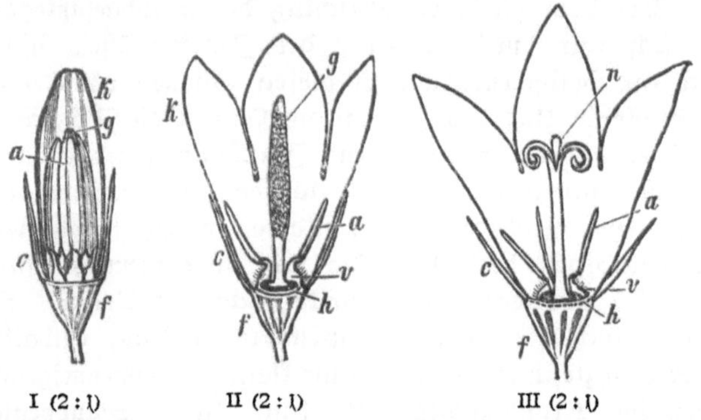

I (2:1) II (2:1) III (2:1)

Blüte der Wiesenglockenblume (im Längsschnitt). I im Knospenzustand. Die Krone *k* bildet noch einen völlig geschlossenen Kegel, die Staubbeutel *a* liegen dicht dem Griffel *g* an und sind nach innen geöffnet. *c* der Kelch, *f* der unter= ständige Fruchtknoten. — II im ersten (männlichen) Stadium. Die Krone hat sich geöffnet, die entleerten Staubbeutel *a* weichen vom Griffel *g* zurück, dessen Ober= fläche dicht mit Pollen bedeckt ist; unter der Verbreiterung der Staubfäden *v* der Nektar *h*. — III im zweiten (weiblichen) Stadium. Der Pollen ist vom Griffel fortgenommen, der nunmehr die drei Narben *n* entfaltet hat; die Staubbeutel *a* sind verschrumpft.

das Rotviolett ihrer weit offenen fünflappigen Trichterblumen und wendet sie auf rispig verzweigtem schlanken Stengel, zwischen wehenden Gräsern stattlich emporragend, dem Sonnenlicht entgegen. Jede der Blumen wird getragen

*) Dieselbe Blüteneinrichtung zeigt von unseren häufigsten Glockenblumen die rundblättrige (Campanula rotundifolia); sie findet sich sehr ähnlich auch bei allen anderen einheimischen Arten.

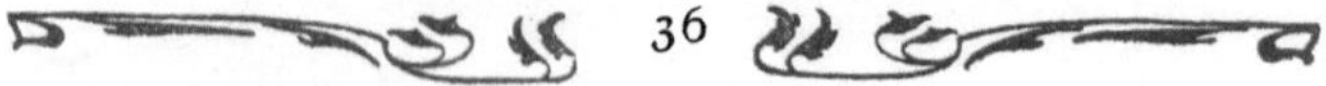

von ihrem unterständigen gerieften Fruchtknoten, der am
oberen Rande mit fünf sehr spitzen Kelchzähnen besetzt ist.
Auf dem Grunde des Krontrichters einer älteren Blume
bemerken wir fünf bräunliche Staubgefäße — unter jedem
Einschnitt der Krone je eins —, die an die Wand der
Krone zurückgelehnt sind und den deutlichen Eindruck des
Welkens hinterlassen; ihre Beutel erweisen sich bei näherer
Untersuchung als völlig leer. Nur der unterste, dreieckig-
blattartig verbreiterte und weiß gefärbte Teil der Staubfäden erscheint noch frisch. Alle fünf sind nämlich decken-
artig über die obere Fläche des Fruchtknotens gebreitet und
verhüllen diese so sorgfältig, daß sogar noch die schmalen
Zwischenräume ihrer Ränder durch die an ihnen sitzenden
wimperartigen Härchen überdeckt werden. Nach Entfernung
der Staubfäden erblicken wir darunter einen gelben
glänzenden Ring, der den inmitten des Fruchtknotens entspringenden kräftigen Griffel umzieht, — offenbar das
Nektarium, das durch die Schutzdecke der Staubfäden einmal
vor Eintrocknung des Nektars im Sonnenschein, dann aber
auch vor Nektarraub durch unberufene Eindringlinge bewahrt werden soll. Die legitimen Besucher müssen die
Wimperhaare an den Rändern der Decken auseinander
schieben, um zum Nektar zu gelangen, was eine Kraft-
anstrengung erfordert, die eben nur den größeren Bienen
zu Gebote steht. Allerlei kleinere Luftreisende, die den geräumigen Krontrichter so gern als Nachtquartier oder als
Unterschlupf gegen Platzregen zu benutzen pflegen, werden
dagegen durch die starke Decke von Allotriis abgehalten.
Übrigens hat diese wegen ihrer rein weißen Farbe in der
sonst violetten Blume zugleich als Saftmal zu gelten. Vervollständigt werden diese Wegweiser durch eine größere Zahl
dunkelvioletter Längslinien, die von den Kronlappen her

in den Grund des Trichters hinabführen. Dazu kommt
außerdem je eine Reihe langer und dünner, weißer Haare,
die der Mittellinie jedes Kronlappens aufsitzen und wagrecht
in das Blüteninnere hineinragen; es entstehen so fünf Längs=
räume in der Blüte, von denen jeder ein Staubgefäß enthält.
Der Griffel gabelt sich am oberen Ende in drei Narbenäste,
deren Spitzen nach abwärts gebogen, vielleicht sogar mehr
oder weniger spiralig eingerollt sind, die empfängnisfähige
Seite nach oben und außen wendend.

Wo ist aber der Pollen, der die Narben dieser ältesten,
am längsten offenen Blumen befruchten soll? Er kann zu
ihnen nur aus anderen, noch jüngeren Blüten gebracht
werden. Solche sind schon äußerlich kenntlich an der ge=
drungenen Form ihres Krontrichters und seinen nur wenig
ausgebreiteten Randlappen. Der auffälligste Unterschied
jedoch tritt uns im Innern entgegen und betrifft den Griffel.
Er zeigt die drei Narbenäste entweder nur in Form kurzer
Spitzen, eben im Begriff sich auszubreiten, oder überhaupt
noch nicht; sie liegen dann parallel nach oben zu dicht an=
einander geschmiegt und bilden eine keulige Verdickung am
Griffelende. Dafür ist das ganze obere Drittel des Griffels
mit einer dicken Schicht gelben Pollens belegt, der zwischen
feinen Härchen der Griffeloberfläche haftet. Die Staubgefäße
dagegen, die den Pollen geliefert haben, sind auch hier
bereits mehr oder minder kraftlos und fangen an zu schrumpfen
und auf den Blütengrund zurückzusinken. Der Pollen zur
Befruchtung der älteren Blüte muß der Oberfläche des
Griffels in den jüngeren entnommen werden, was durch
direkte Berührung des Rückens der Biene bei ihrem Ein=
kriechen in den Krontrichter erfolgt. Bei derselben Gelegen=
heit streift sie später in der älteren Blüte einen der ent=
wickelten Narbenäste, der ihr den mitgebrachten Pollen vom

Rücken nimmt. Sollte bei andauernder regnerischer Witterung der Insektenbesuch längere Zeit hindurch ausbleiben, so wird der Pollen von der Griffeloberfläche nicht entfernt, die Narben aber entwickeln sich allmählich und müssen dann schließlich bei fortschreitender spiraliger Einrollung ihrer Äste nach innen zu den Pollen der eigenen Blüte dort berühren, also Selbstbestäubung vollziehen.

Die Glockenblume bietet somit ein ausgezeichnetes Beispiel protandrischer Wechselstäubung, nur daß ihr erstes männliches Stadium schon im Knospenzustand beginnt und hier am reinsten ausgeprägt ist. Zu den Knospen müssen wir zurückkehren, wollen wir überhaupt lebensfähige Staubgefäße finden. Wir schlitzen die längliche Kronkuppel seitlich auf und erblicken nunmehr die fünf bläulichen Staubgefäße steif aufrecht, mit ihren nach oben aneinander gelegten Beuteln einen Kegel bildend, der den hier noch kurzen Griffel überragt und völlig einschließt. Die Beutel sind nach innen zu geöffnet und lassen beim Aufbiegen des Kegels ganze Häufchen des graugelben Pollens herabfallen, der sonst bei seinem natürlichen Herausquellen in die Haardecke der Griffeloberfläche hineingedrückt wird und in ihr haften bleibt. Bei der weiteren Entwicklung der Knospe, die schließlich in der Entfaltung der Krone gipfelt, wächst der Griffel allmählich in die Länge und nimmt den Pollen auf seiner Oberfläche mit sich empor, während die entleerten Staubgefäße einschrumpfen und vom Griffel zurückweichen.

Daß eine so weit geöffnete Blume eines ausgiebigen Regenschutzes bedarf, leuchtet ein. Sie erzielt ihn ausschließlich durch eigentümliche Bewegungen, wie wir sie ähnlich beim Hahnenfuß und Storchschnabel kennen lernten. Die im Sonnenschein aufgerichteten Glocken beginnen bei bedecktem Himmel (ebenso am Abend) sich herabzuneigen,

indem ihr Stiel in eine überhängende Lage übergeht. Der
Regen gleitet dann an der Glockenaußenseite harmlos ab,
und unter ihr wie unter dem Dache eines aufgespannten
Schirmes warten die „untergeflogenen" Käfer, Ohrenkriecher
und Genossen wohlgemut besserer Tage. Selbst vom Ge-
wittersturm überraschte Bienen und Hummeln kann man in
den überhängenden Glocken zusammengekauert antreffen.

Der Braunwurz (Scrofularia nodosa).
Nachstäubende Wespenblume. — Blütezeit: Juni bis August.

Zur heißesten Zeit unseres Sommers erscheinen in
schattigen Gebüschen und an Bachrändern hohe gerad-
stenglige Pflanzen mit kreuzständigen Blattpaaren und einer
ziemlich sparrigen, endständigen Rispe, deren kleine Blüten
eine bei den Blumen seltene braune Farbe tragen. Doch
bezieht sich ihr Name „Braunwurz" weniger hierauf als
auf die Färbung des dicken unterirdischen Wurzelstockes.
Den Grund der Blüte bildet ein sehr kurzer grasgrüner
Kelch, zwischen dessen fünf stumpfen Randlappen sich der
untere gelbgrüne und stark bauchig aufgetriebene Teil der
verwachsenblättrigen Krone hervordrängt wie aus einem
zu kurz und eng gewordenen Kleidungsstück. Der Kronsaum
ist deutlich zweilippig und weist als Unterlippe ein einfaches,
herabgeschlagenes Läppchen auf, als Oberlippe zwei ohr-
ähnlich aufrecht stehende Lappen von schokoladebrauner
Farbe, die sich mit ihrem inneren Seitenrand teilweise über-
decken. Die Flanken des Kronsaumes zwischen den beiden
Lippen werden ebenfalls von je einem langgestreckten,
niedrigen Läppchen eingefaßt. Die Blüte hat wie ihr Stiel
eine schräg aufwärts gerichtete Lage, so daß auch hier die
Oberlippe trotz ihrer Kürze ein nach hinten abfallendes

Regendach für die weit offene Kronmündung bildet. Im Knospenzustand wird diese durch die beiden Lappen der Oberlippe verschlossen, die zierlich wie die Zipfel eines Halstuches über den Blüteneingang herabgeschlagen sind.

Das Innere der Krone weist bei den Blüten derselben Rispe Verschiedenheiten auf. Wir finden zunächst solche,

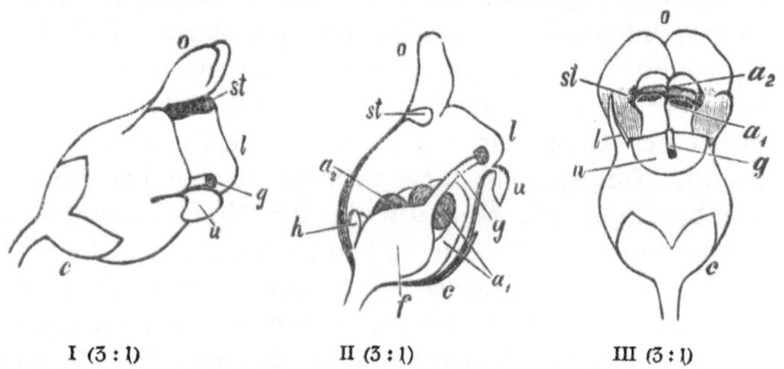

Blüte des Braunwurz. I im ersten (weiblichen) Stadium, rechte Seitenansicht. Nur der Griffel g mit der Narbe ist am Blüteneingang sichtbar, st das verkümmerte fünfte Staubgefäß. — II dieselbe im Längsschnitt. Die Staubgefäße a_1 und a_2 liegen noch spiralig zurückgekrümmt mit geschlossenen Beuteln auf dem Grund der Krone, h das Nektarium hinter dem Fruchtknoten f. — III im zweiten (männlichen) Stadium von vorn. Die Staubgefäße füllen den Blüteneingang, a_1 mit eben geleerten, a_2 mit noch geschlossenen Beuteln, der Griffel g liegt verwelkend auf der Unterlippe u. — o Oberlippe, l Seitenlappen der Krone, c Kelch.

wo am Eingang der Krone über der Unterlippe ein grüner Griffel mit kleiner knopfförmiger Narbe erscheint, und andere, wo an derselben Stelle große gelbe Staubbeutel hervorschauen. Jene sind die jüngeren, die andern die älteren, die Blüten sind ausgezeichnet nachstäubend (protogyn). Im ersten weiblichen Stadium hat der Griffel eine steif aufrechte Lage in der Blütenmitte, so daß ein anliegendes Insekt beim Niedersitzen auf die Unterlippe und Seitenlappen der Kronmündung die Narbe mit der Unterseite der Körpers

berühren muß. Die Besucher sind fast ausschließlich Wespen,
die sich durch die trübbraune Farbe wahrscheinlich faulendes
Obst vortäuschen und sich dadurch anlocken lassen. Das
Vertrauen, das sie in die Blüte setzen, wird in anderer als
der erwarteten Weise reich belohnt. Denn der Nektar wird
von einem gelblichen kräftigen Läppchen, das den grünen,
eirunden Fruchtknoten an seiner Rückseite umgibt, in solcher
Menge abgeschieden, daß er sich im hinteren Teil des
Kronenbauches zu großen glänzenden Tropfen sammelt, die
schon vom Eingang aus sichtbar sind und oft beim Heraus=
ziehen der Krone aus dem Kelch geradezu aus ihr herab=
rinnen. Dagegen enthält der vordere Abschnitt des Blüten=
grundes, wie wir beim Öffnen der Krone durch einen
Längsschnitt gewahren, zu beiden Seiten des Fruchtknotens
je zwei noch unentwickelte Staubgefäße. Ihre Fäden ent=
springen dem unteren Kronrand und sind von der Spitze
her samt den hier sitzenden, noch geschlossenen Beuteln wie
junge Farnwedel spiralig eingerollt. Zugleich bemerken
wir an der Hinterwand der Krone einen erhabenen Längs=
streif angewachsen, der oben unter der zweiteiligen Oberlippe
ein rundliches braunes, und zwar abstehendes Läppchen trägt.
Er stellt den Rest eines einstigen fünften Staubgefäßes, ein
Staminodium, vor, das aus Platzmangel verkümmern mußte;
es würde ja den Weg zu dem gerade unter ihm liegenden
Nektar sperren.

Im zweiten, männlichen Stadium ändert sich das Aus=
sehen der Blüte bedeutend. Der Griffel beginnt nach er=
folgter Befruchtung zu welken und sinkt kraftlos auf die
Unterlippe herab. Er macht dadurch die Blütenmitte für
die nunmehr emporwachsenden Staubgefäße frei. Von ihnen
entwickeln sich die beiden vorderen, unteren zuerst, rollen
sich auf und schieben ihre fast kreisrunden, aber flachen

scheibenförmigen Beutel an die Blütenmündung empor. Sehr bald tauchen hier auch die beiden anderen, oberen Staubgefäße auf und ordnen sich mit ihren Beuteln etwas über und hinter jenen. Das ankommende Insekt benutzt nunmehr beim Anfliegen diese breiten Beutelflächen selbst als willkommenen Stützpunkt, dabei unbewußt seine Unter= seite mit Pollen einstäubend, den es in einer andern, noch im ersten Stadium befindlichen Blüte an die an gleicher Stelle stehende Narbe abstreift. Sehr beachtenswert ist dabei, daß die Staubbeutel nicht, wie es sonst Regel ist, längs, sondern quer auf ihrem Faden aufgewachsen und in derselben Richtung scheibenartig abgeplattet sind. Nur dadurch nämlich bleibt hinter ihnen Platz genug übrig, den Wespen= kopf in den Blüteneingang zu versenken. Da die Wespen keinen Saugrüssel, vielmehr nur eine kurze Zunge zum Lecken des Nektars haben, ist ein weiter Nektarzugang für alle Wespenblumen erstes Erfordernis.

Bleibt während des ersten Stadiums Fremdbestäubung aus, so behält die nicht befruchtete Narbe ihren frischen Zustand und ihre aufrechte Stellung inmitten der Blume bei. Die nach ungefähr zwei Tagen heranwachsenden Staubgefäße öffnen dann ihre Beutel in unmittelbarer Nachbarschaft der Narbe und verursachen durch Berührung mit ihr Selbstbestäubung.

Das Himmelschlüssel (Primula elatior).

Ungleichgrifflige (dimorphe) Hummel=Falterblume. — Blütezeit: März bis Mai.

Um Ostern herum erfreuen uns unter den ersten prangenden Frühlingsboten kleine, nur wenige Zentimeter hohe Blümchen, die ihre gelben Sterne in das schmutzige

Graugrün der eben vom Schnee befreiten Wiesen streuen.*)
Zierliche Rosetten aus länglichen Blättchen, deren runzliger
Oberfläche und grauer Haarbedeckung man das Kümmer-
liche ihres Daseins und die Furcht vor kalten Nächten von
weitem ansieht, haben sich zwischen spärlichen grünen Halmen
entfaltet und in ihrer Mitte einen blattlosen, niedrigen,
ebenfalls in ein graues Haarkleid gesteckten Blütenschaft
getrieben, der zunächst in einem Knäuel grüner Blütenknospen endet. Jede ist noch sorgfältig in ihren fünfrippigen
Kelch gehüllt und an der Spitze von seinen fünf langen
Zähnen gekrönt; zwischen und um die einzelnen Knospen
schmiegen sich spitze grüne Hochblätter. Bald jedoch lockert
sich der Knäuel, und zwischen den auseinander weichenden
Kelchzähnen der größeren Knospen erscheint eine gelbe
Kuppel, die sich schließlich unter den wärmenden Strahlen
der Frühlingssonne zu einem fünfstrahligen Stern ausbreitet.
Denn sie wurde durch die emporgewölbten fünf Saumlappen
der Krone gebildet, die auf dem Rande einer langen, engen
Röhre sitzen. Aus dem ursprünglichen Knäuel hat sich eine
Dolde kurzgestielter Blüten entwickelt, die aber sämtlich
nach einer Seite gewendet sind und ihren Eingang etwas
schräg von unten den anfliegenden Insekten darbieten. Der
Blütenschaft mit seiner gedrängten, einseitswendigen Dolde
gleicht jetzt deutlich dem Stengel und Bart eines Schlüssels, der
gläubigen Herzen das Tor zu den Freuden und Hoffnungen
der glücklichsten Jahreszeit aufschließt. Jene seitliche Stellung
der Blüten erleichtert nicht nur den Insekten das Anfliegen
und Eintauchen in die Kronröhre, sondern nur in dieser
Lage vermögen die schwach trichterförmig angeordneten

*) Mit der Blüteneinrichtung von Primula elatior stimmt
die der erst im April erscheinenden Pr. officinalis völlig überein.

Saumlappen das Eindringen von Regenwaſſer in das Blüten=
innere zu verhindern.

Die zitrongelben Kronlappen leuchten den erſten
ſummenden Inſekten weit entgegen, und ein orangeroter
Ring um die Mündung der Kronröhre weiſt als Saftmal

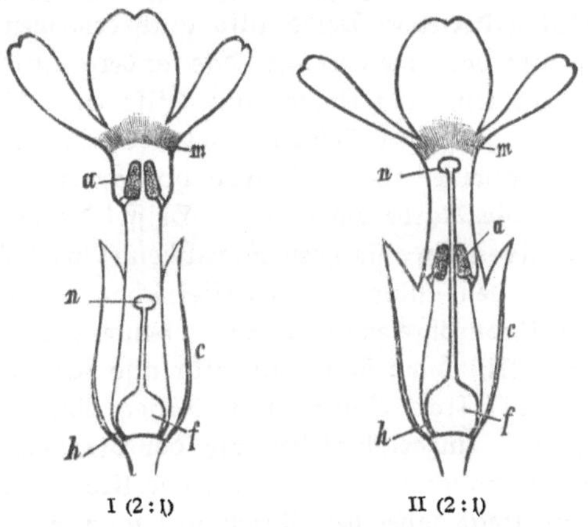

Himmelſchlüſſel. I eine kurzgrifflige Blüte im Längsſchnitt. Die Staub=
gefäße *a* ſtehen am Blüteneingang, die Narbe *n* in der Tiefe der Kronröhre. —
II eine langgrifflige Blüte im Längsſchnitt. Die Narbe *n* liegt am Blütenein=
gang, die Staubgefäße *a* in der Kronröhre. — Im Umkreis des Fruchtknotens *f*
der Nektar *h*, *m* das Saftmal.

die ankommenden Gäſte in der Blüte näher zurecht. Wir
finden den Nektar an der tiefſten Stelle der Kronröhre, wo
deren Wand im Umkreis des kugelrunden grünen Frucht=
knotens mit Flüſſigkeit überzogen erſcheint. Auf dem oberen
Pol des Fruchtknotens erhebt ſich ein ſchlanker Griffel mit
knopfartiger Narbe. In gewiſſer Höhe ſitzen, an der Innen=
wand der Röhre angewachſen, fünf gelbe Staubbeutel ohne
Fäden und neigen ihre Spitzen zu einem ſtumpfen Kegel

zusammen. Beim Betrachten des ganzen Straußes von Dolden, den wir gepflückt haben, machen wir sehr bald noch eine auffällige Wahrnehmung. In der Mündung der Blüten erscheint bei den einen der Narbenkopf, bei anderen aber ein Staubbeutelkegel, und ziehen wir verschiedene Schäfte aus dem Strauß hervor, so zeigt sich, das bei sämtlichen Blüten derselben Dolde, also auch desselben Stockes, entweder nur das eine oder nur das andere zutrifft. Eine genauere Untersuchung einiger mit Hilfe einer Nadel der Länge nach geöffneter Blüten lehrt, daß in jeder Blüte sowohl Staubbeutel als eine Narbe vorhanden sind, in den einen aber die Narbe auf langem Griffel die in mittlerer Höhe der Kronröhre sitzenden Staubbeutel weit überragt, während in den anderen der Griffel schon in der unteren Hälfte der Kronröhre endet, die Staubbeutel dagegen in der Nähe ihrer Mündung sitzen. Es gibt also langgrifflige und kurzgrifflige Blüten, wir haben einen Fall von Dimorphie. Äußerlich ist der Sitz der Staubbeutel durch eine schwach bauchige Erweiterung der Kronröhre gekennzeichnet, sie liegt daher bei Blüten mit langem Griffel ungefähr in der Mitte, bei solchen mit kurzem Griffel in der Nähe der Mündung der Röhre. Auch ist die ganze Kronröhre bei kurzgriffligen Blüten länger (15—17 mm) als bei langgriffligen (12—14 mm). Bei den ersteren berührt das Insekt zuerst den Staubbeutelkegel mit der vorderen Kopffläche und schiebt dann seinen Rüssel durch ihn hindurch zum Nektar, bei den letzteren muß es mit derselben Stelle des Kopfes die Narbe streifen und den mitgebrachten Pollen zurücklassen. Dafür nimmt es hier aus den tiefer stehenden Staubbeuteln den Pollen mit dem Rüssel ab und trifft damit dort die in gleicher Höhe befindliche Narbe. Während die langgriffligen Blüten so der Fremdbestäubung in voll-

kommenster Weise angepaßt sind, könnte bei den kurzgriff=
ligen außerdem Selbstbestäubung eintreten — sei es durch
den Rüssel des Insekts, der ja schon den Staubbeutelkegel
der eigenen Blüte durchbrochen hat, ehe er die Narbe
erreicht, sei es durch Herabfallen des Pollens aus den hier
über der Narbe stehenden Beuteln. Doch haben Versuche
gezeigt, daß eine Befruchtung mit dem Pollen der eigenen
Blüte kaum erfolgreich ist.

Die beträchtliche Länge der Kronröhre und ihre geringe
Weite macht den Nektar unter den Immen nur für lang=
rüsselige Hummeln zugänglich, während ihn die kurzrüsselige
Erdhummel zuweilen durch seitliches Aufbeißen der Röhre
erbeutet. Freilich wird ihr der Raub durch den hoch ge=
schlossenen Kelch, den sie zurückdrängen muß, wesentlich er=
schwert. Dagegen erscheint die ganze Blüte wie geschaffen
zum Besuch unserer früh fliegenden Schmetterlinge, und in
der Tat beobachten wir den Zitronenvogel als häufigen
Gast, der in ihr oft lange Zeit hindurch seine einzige
Nahrungsquelle findet. Da sein prächtiges Schuppenkleid
in der Farbe mit der der Krone übereinstimmt, so gewährt
sie ihm zugleich mit ihrer Süßigkeit den Schutz der Unauf=
fälligkeit, und macht ihn wie durch eine Tarnkappe für
vorüberkommendes Raubgesindel unsichtbar.

Die Kartäusernelke
(Dianthus Carthusianorum).

Vorstäubende Falterblume, unvollständig zweihäusig (gynodiözisch).
— Blütezeit: Juni bis September.

Ein heiteres Sommerkind erblüht die purpurrote
Kartäusernelke im Juni an Felshängen und grasigen Halden,
wo es ihr nie sonnig und warm genug werden kann. Denn

trefflich sind die schmalen Blätter, die knotig gegliederten graugrünen Stengel vor zu rascher Verdunstung geschützt, und die am Stengelende in eine dichte Dolde zusammengedrängten Blüten an ihrem Grunde, jede für sich, von einem Mantel schirmender Hochblätter umhüllt. Diese sitzen gerade da, wo im Blüteninnern der edelste Teil, der Fruchtknoten, des Ver-

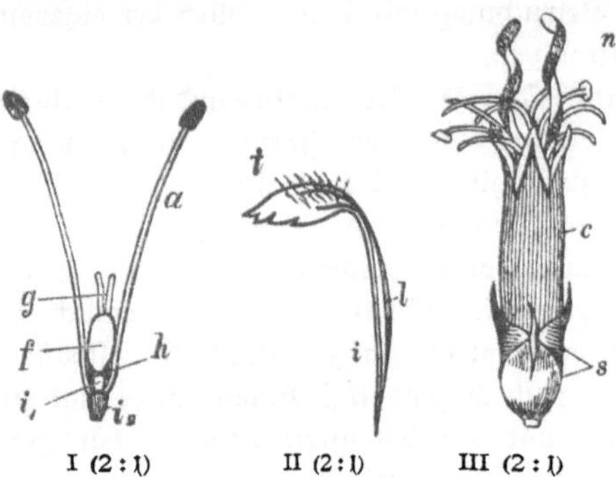

Kartäusernelke. I der Stempel mit zwei Staubgefäßen *a* der ersten Generation aus einer jungen Blüte. An der Innenseite des Staubfadenringes die Nektarien *h*; der gestielte Fruchtknoten *f* (sein Stiel *i₁*) trägt die noch ganz jugendlichen Griffel *g*; *i₂* der Blütenstiel. — II ein einzelnes Kronblatt; *t* die oberseits behaarte Platte, *i* der Stiel mit seiner Längsleiste, bei *l* die Innenrinne zeigend. — III ältere Blüte im weiblichen Zustand nach Entfernung der Kronblätter. Die Staubbeutel sind größtenteils abgefallen. *n* die gewundenen Narben; *c* die Kelchröhre mit den Hochblättern *s* an ihrem Grunde.

dunstungsschutzes am meisten bedarf; eiförmig, lang zugespitzt, vollkommen trockenhäutig und gebräunt erscheinen sie selbst im stärksten Sonnenbrande unverwüstlich. Aus ihnen erhebt sich eine braungrüne, bis 2 cm lange und auffällig enge Kelchröhre mit fünfzähnigem Saum. Ihre trockene, lederartige Beschaffenheit bietet die Gewähr, daß seitlicher Nektarraub durch fressende Insekten unmöglich gemacht ist. Die Enge der Kelchröhre verhindert aber auch das Einkriechen von oben, da der verfügbare Raum an ihrer Mündung durch andere Blütenteile fast völlig ausgefüllt ist, und andererseits hält ihre große Länge Bienen

und Hummeln fern, die mit ihren kurzen oder mittellangen Rüsseln den im Blütengrund befindlichen Nektar nicht mehr erreichen. Nur Schmetterlinge sind imstande, mit ihrem langen und feinen Rollrüssel hier einzudringen und die Schätze der Tiefe zu heben. Und so sehen wir unsere Nelke im Sonnenschein von allerlei leichtbeschwingten, farbenprächtigen Gästen umgaukelt, vom Schwalbenschwanz und Damenbrett, von Malven= und Goldrutenfaltern, Hesperiden und Zygänen, wir haben eine ausgeprägte Tagfalterblume vor uns (s. Titelbild).*)

Aus dem Kelch ragen fünf dreieckige, am äußeren Rande spitzzähnige Kronblätter, die oberseits nahe der Blütenmitte mit zerstreuten, glänzend weißen Haaren bestanden sind. Auch erkennen wir auf ihrer purpurroten Fläche ein Saftmal in Gestalt dunkler Linien, die nach der Blütenmitte hinführen. Jedes Kronblatt setzt sich innerhalb der Kelchröhre in einen langen Stiel fort, der rechtwinklig zu dem eben geschilderten äußeren Teil, der Kronplatte, steht. Man nennt nach dieser auffälligen Form die Kronblätter „genagelt"; in der Knospe war jede Platte tüten=förmig nach innen zu eingerollt. Die weißlichen Stiele tragen längs ihrer ganzen Innenseite eine nach innen vor=springende Leiste, die an ihrem Innenrande wieder in zwei parallele Längsfalten auseinander geht, zwischen denen eine rinnenartige Vertiefung liegt. Der Querschnitt des Stieles gleicht so ungefähr dem einer Eisenbahnschiene mit rinnen=artig ausgehöhlter oberer Kante. Die fünf Stiele liegen innerhalb der Kelchröhre in geschlossenem Kranze dicht nebeneinander. Dadurch entsteht zwischen je zwei benach=

*) Die Blüteneinrichtung der Tagfalterblumen kann in gleicher Ausbildung an der Steinnelke (Dianthus deltoides) unter=sucht werden.

barten Schienen, deren seitliche Hohlkehlen sich berühren, je ein Längskanal, die von oben betrachtet als fünf dunkle Höhlungen erscheinen, aber freilich nur unvollständig einzusehen sind. Denn in den jungen, eben erschlossenen Blüten schiebt sich durch jeden der fünf Kanäle ein Staubgefäß heraus, das auf weißem Faden in fast horizontaler Lage einen blaugrauen Staubbeutel trägt, die geöffnete Seite nach oben gewendet. Der Schmetterling muß beim Sitzen auf der Blüte mit dem Rüssel, den er in das Blüteninnere einführt, unfehlbar einen der Beutel berühren und den Pollen abstreifen.

Vom Stempel ist äußerlich an der jungen Blüte überhaupt nichts zu sehen. Erst wenn wir sie der Länge nach aufschlitzen, stoßen wir in ihrem Grunde auf einen fast walzenrunden, grünlichen Fruchtknoten mit zwei aufrechten, kurzen weißen Griffeln, von denen jeder in eine schwach hakenförmige, offenbar vollkommen unentwickelte Narbe endet: die Blüte ist vorstäubend. Als besondere Merkwürdigkeit erblicken wir unter dem Fruchtknoten, noch innerhalb des Kelches, einen ihn tragenden, millimeterlangen grünen Stiel. Seinem Grunde entspringen die Stiele der Kronblätter, diese sind aber außerdem mit einem weißlichen Ringe verwachsen, welcher von den am unteren Ende verbundenen Staubfäden gebildet wird. Zu unserer Überraschung gesellen sich zu den schon äußerlich sichtbar gewesenen fünf Staubgefäßen noch weitere fünf, deren kurze Fäden erst die halbe Länge der Kronstiele erreichen und deren Beutel noch geschlossen sind. Diese kurzen Staubgefäße stehen an der Innenseite des Ringes unmittelbar vor den Kronblättern, d. h. also vor den Längsleisten ihrer Stiele, und finden mit ihren Beuteln in den rinnenförmigen Vertiefungen der Leisten Platz. Ebenfalls an seiner Innenseite scheidet der

grundständige Ring aus gelblichen Drüsen den Nektar ab, der den Raum zwischen ihm und dem Fruchtknotenstiel ausfüllt.

Die kurzen Staubgefäße bilden eine Reserve für die Blüte, die erst eingesetzt wird, wenn die fünf anderen Staubbeutel entleert und schon teilweise abgefallen sind, an deren Stelle sie dann am Blüteneingang erscheinen. Die Kartäusernelke besitzt demnach zwei aufeinanderfolgende männliche Zustände, hervorgerufen durch zwei verschiedene Generationen von Staubgefäßen, — eine Einrichtung, die ein viel längeres Feilhalten des Pollens ermöglicht, als wenn alle Staubbeutel sich auf einmal öffneten, und daher auch einen spärlich und lückenhaft eintreffenden Insektenbesuch noch zu Befruchtungszwecken auszunützen gestattet. Erst wenn auch die zweite Generation ihre Staubbeutel entleert bez. verloren hat, tritt als letztes Stadium das weibliche der Narbenreife ein. Die Griffel schieben sich aus der Blüte hervor, und ihre Narben entwickeln sich zu langen gewundenen Ästen, die oberseits einen dichten Besatz zarter Papillen erkennen lassen. Infolge der Schraubenwindungen der Narben werden aber die Papillen streckenweise nach den verschiedensten Seiten gewendet, so daß der Schmetterlingsrüssel, von welcher Seite das Tier auch angeflogen sein mag, stets einige dieser Papillen berühren und durch den mitgebrachten Pollen befruchten muß. Bleibt der Besuch von Schmetterlingen aus — sei es infolge ungünstiger Witterung, oder sei es, daß am Standort der Pflanzen Tagfalter nur selten fliegen —, so kann durch eigene Bewegungen der Narben schließlich noch Selbstbestäubung eintreten. Aus den zehn Staubbeuteln ist bei Erschütterungen der Blume durch Wind oder Tiere immer ein Teil des Pollens herausgefallen und zwischen den Haaren der Kronplatten haften geblieben, wo man ihn bei aufmerksamer Betrachtung an seiner blaugrauen Farbe leicht auf-

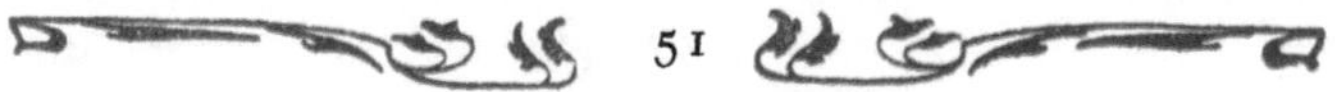

4*

findet. Über diesen Haaren krümmen sich die Narbenäste durch fortschreitendes Längenwachstum schlangenartig hin und her und bringen dabei ihre Papillen mit dem daran sitzenden Pollen in Berührung, der dann Selbstbefruchtung herbeiführt.

Übrigens tritt der wirkliche Abschluß aller geschilderten Erscheinungen nicht immer ein. Vielmehr treffen wir auf Stöcke, wo in sämtlichen Blüten die Staubgefäße beider Kreise verkümmern und ganz klein bleiben, so daß nur die reifen Narben aus der Blüte hervortreten. Es sind mithin neben den Stöcken mit Zwitterblüten auch weibliche Stöcke vorhanden, die Kartäusernelke ist zu den unvollständig zweihäusigen (gynodiözischen) Pflanzen zu zählen.

Die Roßkastanie.
(Aesculus Hippocastanum).

Nachstäubende Hummelblume mit Farbenwechsel in der Blüte, unvollständig einhäusig (trimonözisch). — Blütezeit: Mai, Juni.

Blühender Flieder durchflutet mit seinen herrlichen Duftströmen den Garten, aus zierlichem Blattwerk läßt der Goldregen seine leuchtenden Trauben hängen und als dritter im Bunde steckt der stattlichste aller Laubbäume, die Roßkastanie, auf weit schattender Krone die weißen Blütenkerzen auf. Pyramidenförmig erheben sich die großen reichblütigen Rispen auf den Spitzen der Zweige und sind gemeinsam mit allen Laubblättern in ihrem Umkreis einer einzigen großen Endknospe entsprungen. Diese wurde bereits im Herbst des vorigen Jahres angelegt und hat unter einer Decke von dicken und durch Harz verklebten Knospenschuppen überwintert. Wir können sie im Spätherbst an den Zweigen der entlaubten Kronen mit Leichtigkeit auffinden, wo sie schon durch ihre Größe in die Augen fallen und außerdem an ihrem

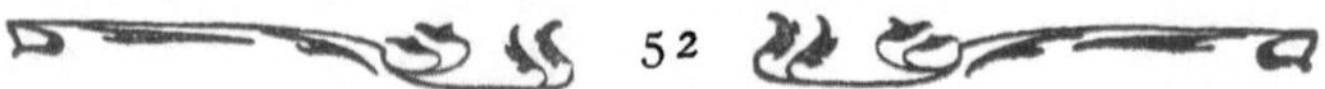

Grunde durch merkwürdige hufeisenförmige Narben, die An=
satzstellen der abgefallenen diesjährigen Laubblätter. Unter
dem Einfluß der Frühlingssonne schmilzt das Knospenharz
und macht die Knospen weithin erglänzen, bis sie endlich ihre
Schuppen kreuzweise auseinanderschlagen und die jungen An=
lagen der Blätter und Rispen freigeben. Noch sind alle in
ein dichtes Kleid kurzer grauer Haare gehüllt, die den zarten
Gebilden Schutz gegen Sonne wie gegen Nachtkälte gewähren.
Zu gleichem Zweck sind die sieben Fiederblättchen längs ihrer
Mittelrippe gefaltet und mit ihren Spitzen fest zusammen=
gelegt. Die Rispe bildet noch einen kurzen gedrungenen Kegel
mit stumpfem Ende und zeigt ihre Oberfläche bedeckt mit den
gerundeten Wärzchen der Blütenknospen. Erst ganz allmäh=
lich verschwinden die Schutzhaare und fallen die Knospen=
schuppen ab, breiten sich die Blattschirme auseinander, streckt
sich die Rispenachse und öffnet zuletzt ihre fertigen Blüten.

Schon eine kurze Betrachtung des Blütenstandes genügt,
uns mit einer seltsamen Tatsache bekannt zu machen. Dem
Weiß der Blüten mischen sich noch zwei andere Farben bei,
aber auf verschiedene Blüten verteilt, so daß bei den einen
der Blütengrund gelb, bei den anderen rot gefleckt erscheint.
Nicht nur der ganze Blütenstand wird dadurch dem Insekten=
auge auffälliger, sondern die Blütenmitte hebt sich aus dem
gleichmäßigen Weiß der Rispe scharf ab, also gerade der
Ort, wohin das Insekt gelangen muß, wenn es Nektar finden
und wenn es Fremdbestäubung ausführen soll. Wir haben
ein typisches Saftmal vor uns, doch ein solches besonderer
Art, denn es wechselt seine Farbe je nach dem Alter der Blüte.
Die Mitte jeder Blüte durchläuft einmal beide Farben nach=
einander, die jüngere hat die gelben, die ältere die roten Tup=
fen am Grunde ihrer Kronblätter. Die Ursache des Farben=
wechsels kann nur in chemischen Vorgängen innerhalb der

Kronblätter liegen, über deren nähere Natur uns jede Kunde fehlt.

Wir nehmen eine jüngere, gelbbetupfte Blüte aus der Rispe heraus und erkennen einen kurzen fünfblättrigen Kelch, der übrigens leicht abfällig ist, sowie die seitliche Form der Krone. Ihre fünf Blätter sind alle fein ge=fältelt, am Rande kraus und wollig behaart, aber sehr verschieden groß: die beiden obersten sind am größten, am klein=sten ist das untere und fehlt manchen Blüten gänzlich. Beim Heraus=ziehen der Kronblätter zeigt sich, daß sie auf kurzen, deutlich abgesetz=ten Stielen dem Kelch=grunde entspringen, daß auch sie kurz genagelt sind. Ebendort finden

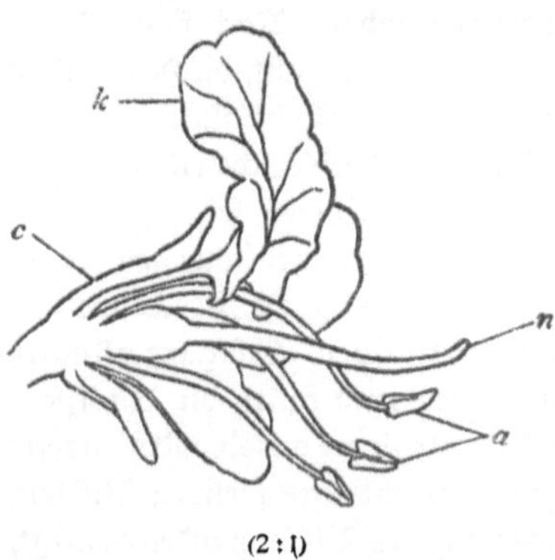

(2 : 1)

Zwitterblüte der Roßkastanie im ersten weiblichen Stadium (im Längsschnitt). Der Griffel mit der reifen Narbe *n* ist wagerecht vorgestreckt, die Staubgefäße mit noch ge=schlossenen Beuteln *a* hängen herab. *k* linkes oberes Kronblatt, *c* der Kelch.

wir zwischen den Stielen der oberen Kronblätter den Nektar, der durch eine weiße Behaarung dieser Stiele wie der obersten Staubfäden am Herausfließen gehindert und in Verbindung mit der wagerechten Stellung der Blüte gegen Regen geschützt wird. Die wagerechte Stellung ist gleich=zeitig ein Zugeständnis an die bevorzugten Besucher, größere Hummeln, deren schweren Leibern sie das bequemste An=fliegen und Arbeiten ermöglicht. Als einzige Sitzgelegen=heit reckt sich ihnen der weit vorgestreckte, mit der kleinen Narbe bogig aufstrebende Griffel entgegen, wie die Sitzstange

vor dem Flugloche des Starkaſtens. Sie iſt gerade ſo orientiert, daß ſich die ankommende Hummel ſofort dem Nektarium gegenüber ſieht, das noch über dem eiförmigen, mit feinen Drüſenhöckern beſetzten Fruchtknoten liegt, der im Blütengrunde verborgen ruht. Die Staubfäden unſerer Blüte, in der nicht häufigen Siebenzahl vorhanden, hängen noch ſchlaff mit geſchloſſenen purpurbraunen Beuteln nach unten. Die Blüte befindet ſich offenbar in ihrem weiblichen Zuſtande und kann nur durch fremden Pollen beſtäubt werden, den die Beſucher an der Unterſeite ihres Leibes mit ſich bringen und beim Sitzen auf der Narbe zurücklaſſen. Die Roßkaſtanie bietet ſomit wieder das Beiſpiel einer nachſtäubenden (protogynen) Pflanze dar. Denn erſt in den älteren Blüten mit roter Mitte, deren Narbe beſtäubt und dann verſchrumpft iſt, heben ſich die Staubfäden der Reihe nach einer nach dem andern bis zur wagerechten Haltung empor, wo ſie nunmehr die Sitzſtangen für den Beſucher abgeben und ihm aus ihren geöffneten Beuteln die Bauchſeite mit Pollen beſtäuben.

Die eigenartige Sitzeinrichtung iſt lediglich größeren Hummeln angepaßt und ſchon der Honigbiene bereitet ſie Schwierigkeiten. Sie pflegt ſich beim Nektarſaugen von unten an die Staubfäden zu hängen, ohne die Narbe zu ſtreifen. Und verſchiedene Fliegen nehmen gar ſeitwärts auf den Kronblättern Platz, wobei ſie natürlich erſt recht nicht mit den Staubbeuteln oder der Narbe in Berührung kommen, zur Fremdbeſtäubung daher nichts beitragen können.

Aber nicht alle Blüten zeigen das geſchilderte Verhalten. Wir brauchen nur ſolche aus den oberen Regionen der Riſpe zu entnehmen, um feſtzuſtellen, daß ſie zwar die Staubgefäße regelrecht reifen und Pollen ausbieten, daß dagegen der Griffel keine reife Narbe entwickelt und ihr Fruchtknoten klein bleibt. Es ſind männliche Blüten mit verkümmertem

Stempel. Und gerade entgegengesetzt verhält es sich bei vielen Blüten am Grunde der Rispe. Hier sind zwar Staubgefäße vorhanden, ihre Beutel fallen aber frühzeitig ab, ohne sich geöffnet zu haben, während der Stempel eine normale Narbe trägt, die der Bestäubung harrt. Sie sind weiblich mit fehlschlagenden Staubgefäßen. Es gibt mithin dreierlei Blüten in der Rispe: echte Zwitterblüten, scheinzwittrige männliche und scheinzwittrige weibliche Blüten. Wir haben einen Fall von unvollständiger Einhäusigkeit, und zwar von Trimonözie. Da die männlichen Blüten zuerst erblühen, so liefern sie für das weibliche Stadium der Zwitterblüten anderer Rispen den Pollen zur Bestäubung, während der Pollen der Zwitterblüten vielfach den weiblichen Blüten derselben Rispe zugute kommt. Ausdrücklich ist noch auf die vollendete Zweckmäßigkeit in der Verteilung der drei Blütenarten hinzuweisen. Die männlichen Blüten der oberen Regionen fallen nach dem Ausstäuben ihres Pollens gänzlich ab, die Rispe hat hier später überhaupt nichts mehr zu tragen. Die weiblichen Blüten in den unteren Teilen der Rispe sind es in der Hauptsache, die Früchte ansetzen, so daß sie gerade da stehen, wo sie von der Rispe am leichtesten getragen werden können. Eine am oberen Ende belastete Rispe wäre bei jedem Windstoß und lange bevor die schweren, grünstachligen Früchte reiften, den verhängnisvollsten Knickungen ausgesetzt.

Der Besenginster (Sarothamnus scoparius).

Rechtstäubende Bienen-Hummelblume ohne Nektar: Pollenübertragung durch Explosion. — Blütezeit: Mai, Juni.

Auch in das eintönige Kleid der braunen Heide flicht der Mai goldgelbe Farbenpracht. Die grünen, aber an der Spitze im Winter abgestorbenen Zweige des Besenginsters,

der hier sparrig aufstrebende oder halb zu Boden gedrückte
Gebüsche bildet, bedecken sich mit winzigen Blättchen, und aus
ihren Achseln erscheinen auf dicken Stielen große goldgelbe
Schmetterlingsblüten. Sie gehören zu den ausgeprägt unregelmäßigen Blüten, indem aus einem verwachsenblättrigen,
zweilippigen Kelch fünf teilweise verschieden gestaltete Kronblätter ragen. Das größte, die Fahne, steht zu oberst und
ist mit breit eiförmiger Fläche etwas rückwärts übergebogen.
Rechts und links am Grunde der Fahne und noch von ihren
Rändern umfaßt, entspringen in wagerechter Richtung zwei
langgestreckte, hackmesserähnliche Blättchen, die Flügel. In
der Nähe ihrer Stiele — vor der hinteren Ecke des Hack-
messers, dessen Schneide nach oben gerichtet ist — tragen sie
je eine kurze, nach innen vorspringende Längsfalte. Zwischen
den Flügeln endlich, seitlich von ihnen überdeckt, liegen zwei
weitere, ähnlich gestaltete Kronblätter, die aber in noch unversehrten Blüten längs ihrer ganzen unteren Kante bis zur
Spitze hin verwachsen sind und dadurch einen kahnartigen
Hohlraum bilden, den man das Schiffchen nennt. Auch
diese beiden Blättchen tragen an ihrem Grunde je eine kurze,
aber nach außen ragende Falte, über die von oben her die
Falte des anliegenden Flügels gerade hinweggreift.

Im Innern des Schiffchens völlig verborgen und ohne
Beeinträchtigung der unversehrten Blüte unserer Untersuchung nicht zugänglich, ruhen Staubgefäße und Stempel.
Wir finden jedoch an unserem Strauch, vor dem wir stehen,
genug solcher Blumen, in denen durch offenbar fremden Ein-
griff die Flügel aus ihrer Auflage auf dem Schiffchen gelöst,
das Schiffchen selbst in seine Blättchen zerrissen erscheint,
so daß Staubgefäße und Griffel frei zutage treten. Wir
zählen von den ersteren zehn, davon vier längere und sechs
kürzere, deren Staubfäden nach unten zu sämtlich in eine

gelbliche, schmale, seitlich zusammengedrückte Röhre verwachsen sind, die den ebenso geformten, silberhaarigen Fruchtknoten einschließt. Auf ihm sitzt ein langer, hakenförmiger
und am Ende etwas keulenartig verdickter Griffel, der ein
winziges Narbenköpfchen trägt. In der unversehrten Blüte
halten die Flügel mit Hilfe ihrer Falten das Schiffchen in
seiner Lage fest. Die oberen Ränder seiner beiden Blättchen
schließen aneinander und umhüllen damit Staubgefäße und

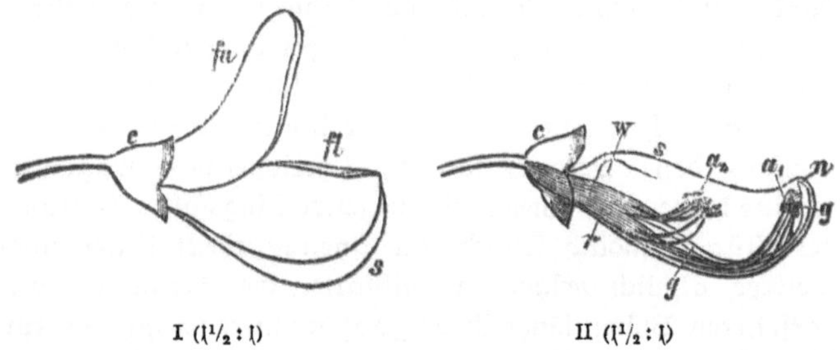

I (1½ : 1)   II (1½ : 1)

Besenginster. I junge Blüte in Seitenansicht. *fa* die Fahne, *fl* die Flügel,
s das von ihnen umschlossene Schiffchen, *c* der Kelch. — II Staubgefäße und
Stempel einer noch unexplodierten Blüte von der Seite. Die Linie *s* deutet den
Umriß des Schiffchens an, *w* die vorspringende Falte am Schiffchen, die dem
rechten Flügel als Widerlager dient. *g* der im Schiffchen gespannt liegende Griffel
mit der winzigen Narbe *n*. a_1 die längeren, a_2 die kürzeren Staubgefäße, *r* die
den Fruchtknoten einschließende Röhre der Staubfäden.

Griffel völlig. Der letztere ist in seiner ganzen Länge der
Kielkante des Schiffchens dicht angepreßt, da seine Spitze
mit der Narbe an die Spitze des Schiffchens festgestemmt
liegt. Er befindet sich deshalb in einem federartig gespannten
Zustand und hat das Bestreben, nach oben zu auszuweichen.
Für die unversehrte Blüte bilden die Flügel zugleich ein
Regendach, insofern auffallende Tropfen über ihre äußere,
schwach gewölbte Fläche nach unten abrollen müssen; auch
ist das Eindringen von Nässe zu Staubgefäßen und Stempel

durch den festen Verschluß des Schiffchens unmöglich gemacht. In den jungen, noch nicht offenen Blüten liegt der Fahne der Regenschutz ob, die von oben her alle anderen Blütenteile so umfaßt, daß ihre Ränder sich unten in einer Längslinie berühren. Erst später tritt hier die Kielkante des Schiffchens heraus, und noch später folgen ihm seitwärts die Flügel.

Wer war nun der Missetäter, der dort den harmonisch gefügten Bau der Blüte gewaltsam gestört hat? Eine feine Zeichnung brauner Linien auf der inneren Fahnenfläche, die nach ihrem Grunde zu verlaufen, deuten als Saftmal auf den Besuch geflügelter Gäste, obgleich wir in der Blüte selbst keine Spur von Nektar finden. Aus einiger Entfernung, so daß wir ihnen nicht durch unsere Person den Weg verlegen, gelingt es uns bald, das Ab- und Zufliegen der hungrigen Eindringlinge, Hummeln und Bienen, zu beobachten. Die ankommenden, durch die grelle Blütenfarbe von weither gelockten Insekten vertrauen eben blindlings jenem so oft bewährten Zeichen des Genusses. Sie lassen sich auf die Flügel der Blume nieder, die sie mit den vier hinteren Beinen umklammern, während sie Kopf und vorderes Beinpaar unter die Fahne schieben und nach dem Nektar suchen. Durch die hierzu nötigen kräftigen Bewegungen drücken sie die Flügel abwärts, die ihrerseits den Druck in den übereinander greifenden Falten auf das Schiffchen übertragen. Seine Ränder beginnen auseinander zu weichen, die sechs kürzeren Staubgefäße treten aus dem Spalt heraus und schleudern ihren Pollen der Hummel an den Bauch, ohne daß diese im Eifer des Nahrungsuchens viel davon bemerkt; sie setzt vielmehr ihre Bemühungen unbekümmert fort. Das Herunterdrücken des Schiffchens dauert an, der Spalt rückt immer mehr nach der Spitze vor, bis mit plötzlichem Ruck die Spannkraft des Griffels den Rest von

Widerstand, den das Schiffchen noch leistet, durchbricht und mit der Narbe von hinten her den Rücken der Hummel überstreicht. Unmittelbar nach ihr erscheinen die ebenfalls befreiten vier größeren Staubgefäße zwischen den durch die Explosion getrennten Hälften des Schiffchens und schleudern ihren Pollen nach vorn und oben, wiederum den Hummel=rücken damit treffend. Das erschrockene Tier befreit sich aus dem Gewirr von Griffel und Staubbeuteln, findet aber an diesen noch so reichlichen Pollen zur Nahrung, der für den fehlenden Nektar entschädigt, daß es mit der endlichen Befriedigung seines Hungergefühls den Schrecken in den Kauf nimmt und seinen Besuch bei einer Blüte gleicher Beschaffenheit wiederholt. Dort wird aber infolge der abermaligen Explosion der seinen Rücken bedeckende Pollen der ersten Blüte von der darüber fahrenden Narbe der zweiten Blüte abgestreift, diese also befruchtet, während ihm durch die einen Augenblick später gelösten Staubbeutel aufs neue Pollen zum Transport aufgeladen wird.

Fürwahr, ein seltsamer Befund, wenn wir bedenken, daß die ganze, fein ausgearbeitete Blüteneinrichtung nur für eine kleine Gruppe bestimmter Besucher, der größeren Hummeln und der Honigbiene, berechnet ist, die allein vermöge genügender Körperkraft die Explosion auslösen können, und daß nach der dazu erforderlichen Anstrengung den durstigen Gästen nicht einmal die Labung geboten wird, nach der sie eigentlich suchten. Kleinere Hautflügler, ebenso Schwebfliegen und einige Käfer machen sich an bereits ex=plodierten Blüten, die von Hummeln und Honigbienen nicht mehr aufgesucht werden, die Gelegenheit zunutze und sammeln den von jenen übriggelassenen Pollen.

Nicht unwesentlich ist im Entwicklungsgang der Blüte auch die Rolle des dickwandigen, dunkelgrünen und kahlen

Kelches, deſſe verwachſenblättrige, geſchloſſene Form mit der der getrenntblättrigen, weit geöffneten Krone ähnlich wie bei der Kartäuſernelke ſtark kontraſtiert. Die Urſache kann wie dort nur in den beſonderen Aufgaben zu ſuchen ſein, die dem Kelch zufallen. Die junge Knoſpe hüllt er ganz in ſich ein und bewahrt ſie durch ſeine Derbwandig= keit gegen Näſſe und Inſektenfraß, bis aus einem Quer= ſpalt, der ſich an ſeiner Spitze öffnet, die Krone allmählich hervortritt. Auch in der offenen Blume muß er auf alle Fälle verhindern, daß lüſterne Gäſte nicht etwa von ihm aus nach Nektar zu ſuchen beginnen und zu dieſem Zwecke ihn ſeitlich aufzubeißen oder von oben her in ihn einzudringen verſuchen. Außerdem aber hat er hier den Stielen aller fünf Kronblätter Widerhalt zu bieten und ſie in der beſonderen Lage zu erhalten, die das richtige Funktionieren des Blüten= mechanismus erheiſcht. Für beide Zwecke iſt ihm Derb= wandigkeit und geſchloſſene Form unentbehrlich. Nur an der Spitze ſeiner beiden ſchmalen Lippen hat ſich bei fort= ſchreitender Entwicklung eine ſchwarzbraune Färbung be= merkbar gemacht, die mit einer Austrocknung an dieſer Stelle verbunden iſt. Die Lippen ſind ſchließlich zu trockenhäutigen und damit beweglichen Säumen geworden und geſtatten ſo ein Zurückbiegen der Fahne, ein Ausweichen der Flügel nach unten, das unbeſchadet der Geſchloſſenheit des Kelches als Ganzes hinreicht, um bei Beſuch geeigneter Inſekten die Exploſion der Blüte herbeizuführen.

Das Knabenkraut (Orchis maculata).

Geſpornte, zweilippige Blume ohne Nektar, aber mit Nektargewebe; Pollenübertragung durch Pollinien. — Blütezeit: Juni, Juli.

Über die ſeltſamſten Blüteneinrichtungen in der hei= miſchen Flora verfügen ohne Zweifel die Knabenkräuter oder

Orchideen. Von ihnen treffen wir im Frühsommer auf feuchten Wiesen wie im lichten Buschwald einen hochstengligen schlanken Vertreter mit endständiger, weißlilaer Blütentraube an, der seinen Beinamen (maculata = gefleckt) nach den trübbraunen Flecken auf seinen grünen Blättern trägt.*)

Die einzelne Blüte entspringt in der Achsel eines lang zugespitzten, purpurn überhauchten Hochblattes und scheint dem oberen Ende eines über zentimeterlangen, dicken und um seine Längsachse gedrehten Stieles aufzusitzen. In Wirklichkeit ist es der unterständige Fruchtknoten, der hier die Rolle des Stieles mit übernommen und durch nachträgliche Drehung die ursprüngliche Lage der Blüte gerade umgekehrt hat. In ihrer jetzigen Stellung erinnert sie von vorn betrachtet etwas an einen Lippenblütler, da auch bei ihr die ganze untere Partie von einer breiten dreilappigen Unterlippe eingenommen wird, auf deren weißlilaem Untergrund sich als deutliches Saftmal eine purpurne Zeichnung abhebt. Freilich sitzt nun diese Unterlippe nicht einer Kronröhre auf, etwa wie bei der Taubnessel (s. d.), sondern geht nach unten zu in einen geräumigen Sporn über, der fast die Länge des Fruchtknotens erreicht, und ist nach rückwärts dem Fruchtknoten aufgewachsen. Auch der Bau der Oberlippe ist ein ganz anderer wie bei den Lippenblütlern. Sie besteht aus zwei getrennten eiförmigen Blättchen, die nach oben zu haubenartig zusammenneigen und offenbar dem Regenschutz für das Blüteninnere zu dienen haben. Ihre Wirkung wird noch verstärkt durch ein drittes längeres, weiter nach außen

*) Ganz ähnliche Blüteneinrichtungen haben von unseren häufigeren Knabenkräutern Orchis Morio und O. latifolia, die beide auf feuchten Wiesen schon im Mai erscheinen und purpurn blühen. Auch bei der letzteren Art sind die Stengelblätter meist braun marmoriert.

sitzendes Blättchen, das sich über beide nach vorn zu hin=
wegwölbt. Es gehört ebenso wie zwei andere, gleich ge=
formte, aber nach außen zurückgeschlagene Blättchen dem
Kelch an, der hier mit der Krone gleich gefärbt ist, also
mit ihr zusammen ein Perigon bildet. Kelch wie Oberlippe
entspringen dem oberen hinteren Ende des Fruchtknotens.

Unter der Oberlippe nun, dicht über dem Eingang in
den Sporn, finden wir den
merkwürdigsten Teil der
ganzen Blüte, der Griffel,
Narbe sowie ein einziges
Staubgefäß zugleich in sich
enthält und Griffelsäule
genannt wird. Der Faden
des Staubgefäßes ist ganz
in der Säule aufgegangen,
seine beiden Beutelfächer er=
scheinen als längliche, durch
einen Längsspalt geöffnete
Taschen, die der Säule fest auf=
gewachsen sind, und in denen
je eine völlig in sich zusammen=
hängende, keulenförmige
Pollenmasse von grüngrauer
Farbe, das Pollinium,

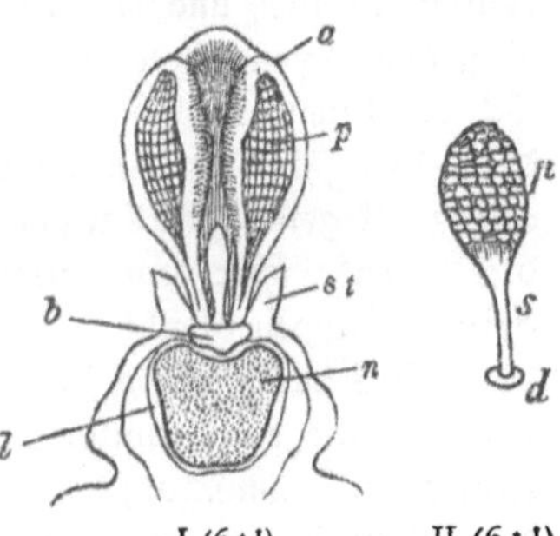

I (6 : 1)   II (6 : 1)

Knabenkraut. I Griffelsäule von
vorn. Die beiden Staubbeutelfächer *a*
enthalten noch die Pollinien *p*, deren
Stieldrüsen vom Beutelchen *b* überdeckt
sind; darunter *n* die Narbe, *l* der Ein=
gang zum Sporn. *st* die beiden Stamin=
odien. — II ein aus dem Beutelfach
hervorgezogenes Pollinium, *p* die Pollen=
masse, *s* ihr Stiel mit der Klebdrüse *d*.

ruht. Die Pollenkörnchen sind darin immer in geringer
Anzahl zu einzelnen, rundlichen Päckchen zusammenge=
wachsen, und zahlreiche solcher Päckchen durch klebrige
Fäden zu je einem Pollinium vereinigt. Jedes Pollinium
geht nach unten zu in einen Stiel über, der in eine
klebrige Scheibe endet, die Klebscheiben beider Pollinien
werden von unten her gemeinsam von einem zweifächerigen

häutigen Beutelchen überdeckt. Unter dem Beutelchen endlich, unmittelbar am Sporneingang, sitzt die große, grübchenartig gehöhlte und stark klebrige Narbenfläche.

Rechts und links am Grunde der ganzen Griffelsäule finden wir je ein weißliches Spitzchen vor, die nichts anderes als Überreste zweier weiterer Staubgefäße darstellen. Es sind Staminodien, wie wir sie schon beim Braunwurz (s. d.) kennen lernten, und sie deuten an, daß auch die Orchisblüte einst dem Typus ihrer weiteren Verwandten, den Lilien und Schwertlilien, ähnlich war. Auch die Narbe war früher dreiteilig. Ihr herzförmiger Einschnitt weist auf Verwachsung aus zwei getrennten Lappen hin, während das Beutelchen, das gerade über dem Ausschnitt sitzt, den umgewandelten dritten Lappen abgibt.

Das ankommende Insekt — es handelt sich hauptsächlich um Fliegen (darunter Schwebfliegen), einige Käfer und Hummeln — nimmt auf der breiten Unterrippe Platz und taucht den Kopf in den Sporneingang, um hier den Nektar zu suchen. Auffälligerweise enthält aber der Sporn gar keinen freien Nektar, sondern in seiner Wand nur zuckerhaltiges Gewebe, das mit der Rüsselspitze angebohrt werden muß und erst dann sein köstliches Naß liefert. Während seiner Bemühungen stößt das Insekt mit dem Kopf an das Beutelchen, dieses klappt nach unten zurück oder zerreißt, die Klebscheiben werden bloßgelegt und heften sich nunmehr der Stirn, ja manchmal direkt den gewölbten Facettenaugen des Störenfriedes an. Beim Zurücknehmen des Kopfes werden die Pollinien aus ihren Taschen herausgezogen und von dem abfliegenden Insekt wie zwei niedliche Hörnchen mit sich getragen. Nach kurzer Zeit erschlaffen ihre Stiele, die Keulen der Pollinien beginnen nach vorn überzusinken, und wenn die nächste Blüte erreicht ist, neigen sie so weit abwärts,

daß sie beim Eintauchen des Kopfes in den Sporneingang gerade die unter dem Beutelchen liegende Narbengrube treffen. Da die Klebrigkeit der Narbenfeuchtigkeit stärker wirkt als die Klebmasse zwischen den Pollenpäckchen, so zerreißt bei erneutem Zurückziehen des Kopfes das Pollinium, und der größere Teil seiner Pollenpäckchen bleibt auf der Narbe zurück. Wir können übrigens die einzelnen Phasen des Bestäubungsvorganges künstlich mit Hilfe einer Bleistiftspitze auslösen, die wir vorsichtig in die Blüte einführen und damit das Beutelchen treffen. Dann haften die Pollinien an ihr, lassen sich hervorziehen und zeigen das allmähliche Überneigen ihrer Keulen sehr deutlich. Die gesamte Blüteneinrichtung aber erscheint der Fremdbestäubung in so feinsinniger Weise angepaßt, daß niemand sie studieren wird, ohne voll Bewunderung nach den unbekannten Wechselwirkungen zu fragen, die hier zwischen Blüte und Besuchern lange Zeiträume hindurch geherrscht haben müssen, ehe ein derartiger Grad gegenseitiger Anpassung möglich ward.

Die wilde Möhre (Daucus Carota).

Blütenverein mit offenem Nektar, vorstäubend; unvollständig einhäusig (andromonözisch), selten unvollständig zweihäusig, (gynodiözisch). — Blütezeit: Juni bis September.

In den heißesten Sommertagen entfalten sich an Wegböschungen und auf trocknen Wiesen die weißen Blütenschirme der wilden Möhre, die nach der Zahl ihrer winzigen Einzelblüten zu den stärksten Blumengesellschaften unserer einheimischen Flora überhaupt gehören. Ungefähr 700 bis 800 Blümchen gruppieren sich zu einigen 25 Döldchen von 1—2 cm Durchmesser zusammen, und diese entspringen wieder auf langen Stielen am oberen Ende des blühenden Haupt-

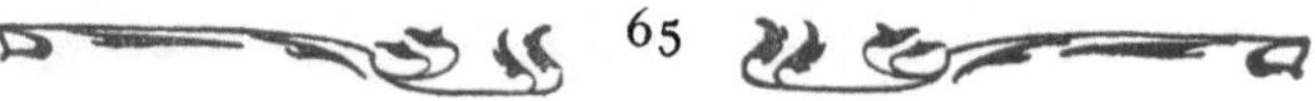

65

ſtengels, bilden alſo eine „zuſammengeſetzte Dolde“ von
8—10 cm Geſamtdurchmeſſer. Da die Stiele ſowohl in
den Döldchen wie innerhalb der Hauptdolde von innen nach
außen an Länge zunehmen, erſcheinen alle Blüten in ungefähr gleiche Höhe gerückt, der ganze Blütenſtand flach,
während er im Knoſpenzuſtand nach der Mitte hin ſtark
neſtähnlich vertieft war, und ſeine Stiele mehr oder minder
zuſammenneigten. Vom Grunde der Hauptdolde geht ein
Kranz fiederſpaltiger, weiß berandeter Hochblätter, die Hülle,
aus, der am Grunde der Döldchen das aus linealen Blättchen gebildete Hüllchen entſpricht. Daß letztere muß im
Knoſpenzuſtand durch Bedeckung der jugendlichen Blüten
die Rolle des ſonſt ſchützenden Kelches übernehmen, der
den Blümchen der Möhre ſo gut wie ganz fehlt oder nur
durch winzige Zähnchen angedeutet erſcheint. Bei Nacht
neigt die ganze Dolde durch Krümmung ihres Stieles über,
die Hüllblätter ſchließen um die Doldenäſte feſt zuſammen
und ſchützen ſomit den Blütenſtand gegen zu ſtarke Wärme-
ausſtrahlung. Einen ſeltſamen Farbenkontraſt bringt zuweilen das mittelſte Döldchen, das die unmittelbare Fort-
ſetzung des Hauptblütenſtengels darſtellt, in den Blütenſtand
inſofern hinein, als es ſtatt der weißen eine tief blutrote
bis braunſchwarze Färbung zeigt und gewöhnlich ſtatt aus
mehreren kleineren Blüten nur aus einer einzigen, etwas
vergrößerten und tauben Blüte beſteht. Aber kaum 1%
aller Pflanzen bieten dieſes merkwürdige Naturſpiel, deſſen
wahre Bedeutung noch völlig unaufgeklärt iſt.

Die genauere Betrachtung einer Einzelblüte gelingt
uns nur mit Zuhilfenahme der Lupe. Wir erkennen dann
an dem kleinen eirunden, vollkommen unterſtändigen Fruchtknoten fünf Längsreihen kurzer weißlicher Borſten; er trägt
auf ſeinem oberen Rande die fünf weißen Kronblätter von

ziemlich verschiedenen Größenverhältnissen. Jedes Kron=
blatt zeigt einen herzförmigen Einschnitt, dessen Innen=
winkel verdickt und erhöht ist und in Gestalt einer kurzen
Platte oder Leiste nach innen zu vorspringt. Zu beiden
Seiten dieses Vorsprungs entsteht in der jungen Blüte, wo
die Kronblätter mit ihren Lappen noch stark einwärts ge=
krümmt sind, je eine muldenartige Vertiefung, die mit der

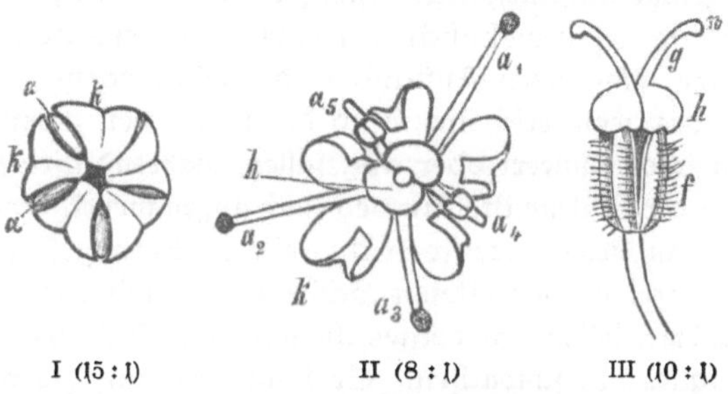

I (15 : 1)   II (8 : 1)   III (10 : 1)

Wilde Möhre. I eine eben aufbrechende Knospe von oben. Zwischen den seit=
lich aufklappenden Kronblättern *k* erscheinen die nach innen eingeschlagenen Staub=
fäden *a*. — II Zwitterblüte im ersten (männlichen) Stadium von oben. a_1 bis a_5
die fünf Staubgefäße in der Reihenfolge ihrer Pollenreife; a_4 und a_5 noch halb
nach innen gekrümmt, aus der seitlichen Bedeckung durch die Lappen der benach=
barten Kronblätter *k* eben frei geworden. — III Stempel einer Zwitterblüte im
zweiten (weiblichen) Stadium von der Seite. *f* der unterständige Fruchtknoten,
bedeckt von dem Stempelpolster (Nektarium) *h*, *g* Griffel, *n* Narbe.

anliegenden des Nachbarkronblattes gemeinsam einen klei=
nen Hohlraum bildet. In jedem dieser fünf Fächer ruht
sicher geborgen je ein Beutel der fünf jugendlichen Staub=
gefäße, die in den Lücken der Kronblätter stehen, und deren
Fäden ebenfalls einwärts gekrümmt sind. Das Öffnen der
Blüte erfolgt nun nicht etwa durch einfaches Aufkrümmen
der Kronblätter, sondern durch Freimachen der Staubgefäße
aus ihren Fächern. Die obere Decke eines Faches, d. h. also
je ein Lappen von zwei benachbarten Kronblättern, biegt

5*

sich nach außen, der weiße Staubfaden streckt sich und hebt seinen rundlichen gelben Beutel 4—3 mm hoch über die Blütenmitte empor. Wir haben somit den seltsamen An-blick, daß zwei Kronblätter nur zur Hälfte entfaltet sind, da ihre anderen Lappen zunächst noch zum Bedecken des benachbarten Faches einwärts gebogen bleiben. Erst all-mählich öffnet sich ein Fach um das andere, und die übrigen Staubgefäße erscheinen in gewissen Zeitabständen aufeinander folgend, so daß gewöhnlich auf einmal nur eins von ihnen im reifen, stäubenden Zustand in der Blüte vorhanden ist. Wenn das letzte erscheint, sind die Beutel der zuerst stäu-benden schon entleert oder abgefallen, während ihre Fäden sich von der Blütenmitte hinweg nach außen zurückgekrümmt haben. In dieser successiven Ausreife der Staubgefäße liegt für den frei ausgebreiteten Schirmblütenstand das einzige Mittel, die Schädigungen eines ihn mit aller Wucht treffenden Regenfalles abzuschwächen. Er kann eben nur die bereits entwickelten Staubgefäße ihrer Beutel berauben oder ganz abschlagen, die noch von den Kronlappen eingeschlossenen dagegen finden wir unversehrt und sehen sie bald mit dem wiederkehrenden Sonnenschein ihre Entwicklung vollenden.

Der ganze Mittelraum in unserer Blüte wird von zwei rundlichen Höckern eingenommen, die sich durch ihren glänzenden Überzug als Nektarien zu erkennen geben. Sie sitzen unmittelbar dem Fruchtknoten auf und heißen seit alters her das „Stempelpolster". Da der Nektar hier völlig offen liegt, so ist er auch den kurzrüsseligsten und rüssellosen In-sekten zugänglich, und die sehr zahlreichen Besucher rekru-tieren sich hauptsächlich aus Fliegen und Käfern. Auf den höchsten Punkten der beiden Nektarien erheben sich zwei kurze Spitzchen, die ersten Anfänge der Griffel, die Blüte ist rein vorstäubend (protandrisch). Erst nach gänzlichem

Verstäuben des Pollens bez. Ausfallen der Staubgefäße entwickeln sich die nunmehr schräg auswärts zeigenden Griffel und erhalten an ihrem Ende je ein winziges weißliches Narbenköpfchen, die jetzt gerade dieselbe Stellung über dem Blütenmittelpunkt einnehmen, wie vorher die Staubbeutel. Ankommende Insekten müssen daher mit derselben Stelle ihrer Unterseite oder ihres Kopfes die Narbe berühren, wo sie vorher in Blüten des ersten Stadiums den Pollen aus den Beuteln abgestreift haben, und so die Fremdbestäubung vollziehen.

Aber lange nicht alle Blüten der uns vorliegenden Dolde haben das soeben geschilderte Schicksal. Vielmehr finden wir mehr nach der Mitte der einzelnen Döldchen zu lauter männliche Blüten, die das zweite weibliche Stadium überhaupt nicht antreten und niemals Griffel mit reifen Narben entwickeln. Noch anders verhalten sich gewöhnlich die am Außenrande der Hauptdolde stehenden Blüten. Sie weisen nach außen zu stark vergrößerte, ungleichlappige Kronblätter auf, die die Sichtbarkeit des Blütenstandes wesentlich steigern, lassen aber dafür ihre anderen Hauptteile, Staubgefäße und Stempel verkümmern und bleiben taub. Endlich treffen wir ab und zu, jedoch nicht überall, auf rein weibliche Stöcke, die gewöhnlich schon von weit her durch ihre schmutzig rosenrote Kronfarbe auffallen und niemals reife Staubgefäße hervorbringen; selbst wenn sie solche anlegen, bleiben die Staubbeutel geschlossen. Die Möhre muß mithin zu den unvollständig ein- bez. zweihäusigen (andromonözischen wie gynodiözischen) Pflanzen zugleich gezählt werden.

Nach dem Abblühen kehrt die Dolde allmählich wieder in die Stellung des Knospenzustandes zurück; ihre Zweige schließen sich nach innen nestartig zusammen, die äußeren

längeren überragen die inneren kürzeren, an denen die Fruchtdöldchen sitzen. Unter dem Rippenpanzer dieser Stiele reifen die Früchtchen heran und finden einen weiteren Schutz in den vergrößerten und verstärkten Borsten ihrer Außenfläche.

Die Kornblume (Centaurea Cyanus).

Blütenverein mit verborgenem Nektar und besonderen Lockblumen, vorstäubend; Pollenübertragung durch Reizbewegungen der Staub=
beutelröhre. — Blütezeit: Juni bis September.

Wer sähe sie nicht mit Freuden allsommerlich wieder erblühen, vornehm in Haltung und edel in Farbe, mit Recht die Lieblingsblume eines unvergeßlichen Kaisers? Zwar winkt auch sie schon von weit her aus dem Graugrün des blühenden Roggenfeldes, aber wie wohltuend wirkt das ruhige satte Blau auf unser Auge gegenüber dem grellen, fast beleidigenden Rot des Mohns! Dem Blick des hung= rigen Insekts freilich, für das allein die Blütenpracht ent= faltet wird, dürfte beides gleich wohlgefällig sein als Will= kommengruß zu erquicklicher Einkehr. Unschwer erkennen wir in der blauen Blume mit dem scheinbar unterständigen, krugförmigen Fruchtknoten, wenn wir sie zwischen Daumen und Zeigefingern beider Hände der Länge nach aufbrechen, eine ganze Gesellschaft von Blüten, einen Blütenkorb, dessen Boden von einer mäßig dicken, weißlichen Scheibe gebildet wird. Sie ist an der Unterseite und am Rande mit schmalen grünen Hochblättchen besetzt, die sich wie Dachziegel über= einander decken und an ihrer Spitze in einen bräunlichen, völlig trockenen und fein zerschlitzten Saum übergehen. Da= durch, daß die innersten und längsten mit ihren Spitzen nach oben zusammenneigen, kommt die krugähnliche Einschnürung des Blumenkorbes zustande. Die ziemlich derben, trocken=

häutig berandeten Hochblätter bilden einen vortrefflichen Schutz gegen seitliches Eindringen fressender Insekten in den Blütenstand, hüllen ihn in der Knospenlage überhaupt gänzlich ein und halten auch nach seiner Öffnung alle Einzelblüten geschlossen beisammen.

Auf der Scheibe finden wir mehrere Dutzend engröhriger Blüten von zweierlei Art, in deren Zwischenräumen der Scheibenboden mit langen weißen Haaren, den „Spreuhaaren", bestanden ist. Die Randblüten haben eine nach oben zu trichterartig erweiterte, nach außen zu etwas übergebogene Kronröhre, deren Saum schräg

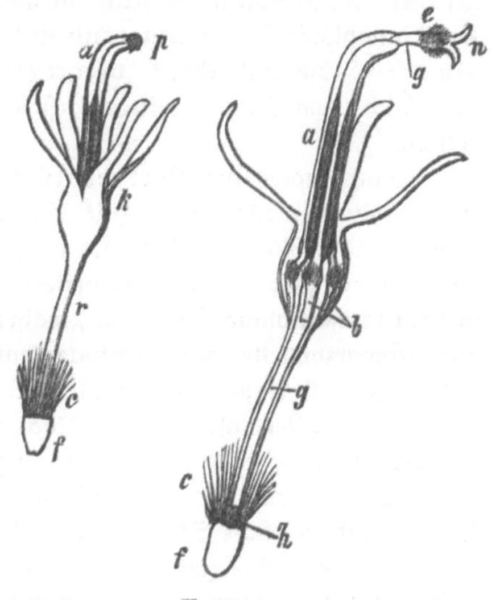

I (3 : 1)   II (4 : 1)

Mittelblüte aus dem Blütenkopf der Kornblume. I im ersten (männlichen) Stadium. Aus der Öffnung der Staubbeutelröhre *a* tritt ein Pollenhäutchen *p* hervor; *k* die fünfzipflige Krone mit ihrer Röhre *r*, *c* der Haarkelch, *f* der unterständige Fruchtknoten. — II im zweiten (weiblichen) Stadium. Der Griffel *g* ist oben aus der Staubbeutelröhre *a* hervorgewachsen und hat die Narben *n* entfaltet, unter ihr die Bürste aus Fegehaaren *e*; der Längsschnitt der Krone läßt die Staubfäden *b* (der mittelste unten abgeschnitten), den Griffel *g*, sowie im unteren Röhrenende das Nektarium *h* erkennen.

abgeschnitten und oben in vier größere, unten in zwei kleinere spitze Lappen geteilt ist. Die Röhre sitzt einem kleinen weißen Fruchtknoten auf und wird hier von einem Kranze weißer

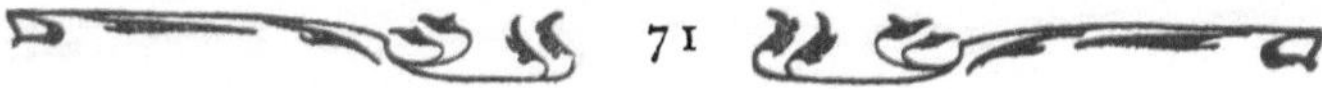

Kelchhaare eingefaßt. Im Innern der Kronröhre fehlt aber jede Spur von Griffel und Narbe und ebenso von Staub-gefäßen, der Fruchtknoten kann niemals zur Frucht werden. Die Randblüten sind völlig taub und zu reinen Lockblumen geworden, die mit ihrer vergrößerten Kronfläche aus-schließlich dem Zwecke einer gesteigerten Farbenwirkung dienen.

Ganz anders die Mittelblüten. Zwar gleicht der unterständige Fruchtknoten mit Haarkelch und Kronröhre dem der Randblüten. Aber die weißliche Kronröhre ist am oberen Ende glockenförmig erweitert und löst sich am Rande in fünf schmale blaue Zipfel auf, während aus ihrem Innern eine schwarzviolette, oben schwach hakenförmig nach außen gebogene Keule emporragt. Sie setzt sich aus den Staubgefäßen und dem Griffel zusammen. Nach seitlichem Aufschlitzen des Kronsaumes sehen wir — am besten bei Zuhilfenahme einer Lupe — rings an der Wand seines glockenförmigen Teiles fünf weißliche Staubfäden entspringen, die, kurz ehe sie in die Keule übergehen, knieförmig nach innen geknickt und unter dem Knie je mit einem Kranz feiner Härchen besetzt erscheinen. Ihre Beutel sind der Länge nach zu einer Röhre verwachsen, welche den aus der Tiefe der Kronröhre heraufkommenden Griffel dicht umschließt, mit ihm die untere Hälfte der Keule bildet und auf ihrer Außenfläche fünf feine Längsriefen aufweist. Nach oben zu geht sie in einen durch mehr rotviolette Färbung gekennzeichneten Röhrenabschnitt über, der aus Anhängseln der fünf Staubbeutel hervorgeht, den obengenannten Haken bildet und hier in jugendlichen Blüten den Griffel noch vollständig verhüllt. Vom Vor-handensein des Griffels überzeugen wir uns leicht durch Öffnen der Röhre mit einer Nadel; wir finden ihn hier, ganz analog wie bei der Glockenblume, von reichlichen

Pollenmengen umgeben, die Beutel haben sich also bereits vor Entwicklung der Narben geöffnet und nach innen entleert, die Blüte ist ausgeprägt vorstäubend. Bei derselben Untersuchung verfolgen wir den Griffel bis zu seinem Ursprung auf der Spitze des Fruchtknotens und stellen dabei fest, daß die enge Kronröhre bis hinauf zur glockenförmigen Erweiterung angefüllt ist mit hochgelbem Nektar. Er wird von einem zylindrischen Nektarium abgesondert, das den untersten Teil des Griffels ringförmig umgibt und sich nach Entfernung des Fruchtknotens aus dem unteren Ende der Kronröhre leicht mit dem Fingernagel herausdrücken läßt. Der Nektar liegt in der Glocke ziemlich offen und ist auch kurzrüsseligen Insekten zugänglich, wird aber trotzdem durch die sich über ihn wölbenden Staubfäden mit der anschließenden Staubbeutelröhre gegen den Regen geschützt.

Ahmen wir jetzt einmal die Bewegungen eines durstigen Insekts nach und führen eine Bleistiftspitze in die Glocke einer unverletzten jugendlichen Mittelblüte ein. Die Spitze stößt wie der Insektenrüssel sehr bald, noch ehe der Nektar erreicht ist, an einen Haarkranz der fünf Staubfäden, und im gleichen Augenblick sehen wir am oberen Ende der Staubbeutelröhre ein Häufchen weißlichen Pollens auftauchen, das sich von der dunklen Unterlage scharf abhebt. Die Staubfäden sind durch die Berührung zu einer Zusammenziehung gereizt worden, haben die Staubbeutelröhre nach unten gezogen und dadurch den Pollen oben herausgedrückt — eine Bewegungsfähigkeit, die, wenn sie auch nicht vereinzelt dasteht, doch immerhin zu den seltenen Erscheinungen unseres heimischen Pflanzenlebens gehört.*) Der emporgequollene Pollen aber bleibt an der Unterseite des saugenden

*) Einen völlig übereinstimmenden Blütenmechanismus zeigen die purpurnen Körbchen der Flockenblume (Centaurea jacea).

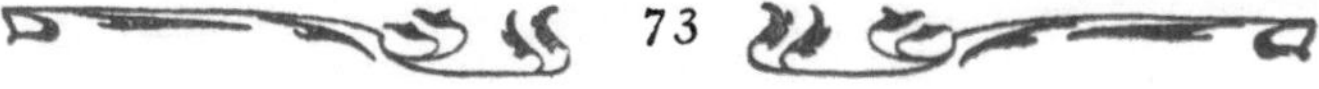

Infekts haften, deſſen Körper ja bei Bienen, Hummeln und
größeren Fliegen mehrere Blüten auf einmal bedeckt.

Wir löſen nunmehr den Griffel völlig aus Staubbeutel=
und Kronröhre heraus und bemerken dann dicht unterhalb
seiner Spitze einen Kranz schräg aufwärts abſtehender röt=
licher Härchen und darüber das dunkelblaue ſtumpfe Ende.
Dieſe Haare waren beim Herausdrücken des Pollens als
Bürſte tätig, indem ſie bei der Abwärtsbewegung der Staub=
beutelröhre den Pollen nach oben ſchoben. Durch einen
leichten Druck mit der Nadel auf das Endſtück bringen wir
es zum Auseinanderweichen in zwei Längshälften, die zwei
Narbenäſte, die nach oben zuſammengelegt waren. Erſt
nachdem durch wiederholte Reizbewegungen faſt aller Pollen
aus den Staubbeutelfächern oben herausgedrückt wurde, iſt
nämlich das Wachstum des Griffels ſo weit gediehen, daß
er die Narbe aus der Spitze der Staubbeutelröhre heraus=
ſchiebt und entfaltet, wobei die Bürſte auch die letzten Pollen=
körnchen aus der Röhre noch mitnimmt. Jetzt eintreffende
Inſekten berühren mit ihrer Unterſeite die Narben und
laſſen an ihnen den mitgebrachten Pollen anderer Blüten
zurück.

Das Heidekraut (Calluna vulgaris).

Inſektenblütler mit verborgenem Nektar, aber gelegentlicher Wind=
befruchtung; Pollenübertragung durch Schüttelwerk. — Blütezeit:
August bis Oktober.

Blühende Heide, du Liebling unſeres Herzens! Ge=
mahnſt du uns doch an Tage des Frohſinns und jugend=
licher Ungebundenheit, umwoben von Sonnenſchein und
Farbenduft, da der Wald noch die liebſte Heimſtätte unſerer
Gedanken war, und hinter ihm die große weite Welt des

Unbekannten der immer geschäftigen Phantasie noch ihre
Wunder auftat. Goldene Tage, wo seid ihr geblieben?
Dich selbst aber sehen wir allherbstlich wieder die schlichten
Blütentrauben öffnen, sehen sie die heimatlichen Berge mit
ihrem Rosenschimmer überziehen und den alten Zauber auf
uns üben, obgleich wir seitdem deine kleinen Geheimnisse
längst alle kennen gelernt haben. Denn Geheimnisse birgst
auch du. Schon, daß alle Blumen einer Traube ihre
Öffnung eigensinnig nach derselben Seite wenden, gab dem
streifenden Knaben zu denken. Sie vergrößern ja damit
wie absichtlich nach dieser Seite die Farbenfläche des Blüten=
standes — ein wohltuender Anblick für das Auge hungriger
Insektengäste. Auf Gesehenwerden laufen schließlich noch
andere Einrichtungen unserer bescheidenen Heideblume
hinaus.

Bei näherem Zusehen entdecken wir nämlich, daß die
drei bis vier winzigen, tiefgrünen Blättchen, die jede Einzel=
blüte am Grunde stützen, nicht der Kelch sind, für den wir
sie hielten, sondern daß der eigentliche Kelch aus vier rosen=
roten, getrennten Blättern besteht, die die Krone an Länge
beträchtlich überragen. Die Krone aber bildet nur ein
niedliches Becherlein von gleicher Farbe innerhalb des
Kelches mit tief vierteiligem Saum, dessen Lappen auf Lücke
mit den Kelchblättern stehen. So folgt auch die Heideblume
der allgemeinen Bestimmung ihrer holden Schwestern und
sucht durch ein nicht häufig angewandtes Mittel die Augen=
fälligkeit der kleinen Blüten durch einen bunten Kelch zu
erhöhen, auf den hier die ursprüngliche Aufgabe der Krone
übergegangen ist. Der winzige Kronenbecher dient nur noch
als Gefäß für den Nektar, der von einem schmalen Ringwulst
am Fuße des kugligen Fruchtknotens abgeschieden wird.
Auch sonst hat dieser ausgezeichnete Kelch mannigfache

Obliegenheiten zu erfüllen. Denn er ist es, welcher der werdenden Knospe unter seiner Kuppeldecke Schutz gewährt, er läßt zudringliche Regentropfen unschädlich für das Blüteninnere an sich ablaufen und er ist es wieder, der nach dem Abblühen, glockenförmig zusammengeneigt, oft schon vertrocknet und verblichen an Farbe, den sich entwickelnden Fruchtknoten in einen schützenden Mantel hüllt.

Auf der Spitze des Fruchtknotens erhebt sich ein rosenroter Griffel, der etwas nach oben gebogen aus der wagrecht stehenden Blüte hervorragt und die kleine vierlappige Narbe entfaltet. Dem Griffel dicht angeschmiegt liegen die

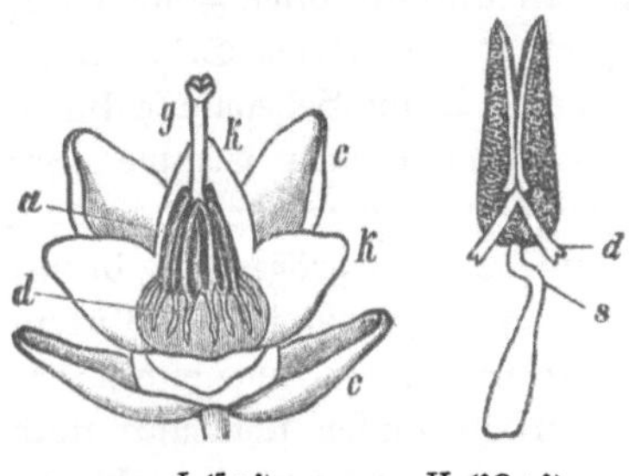

I (5:1)   II (10:1)

Heidekraut. I jüngere Blüte, von vorn oben gesehen. *k* die Krone, *c* die Kelchblätter (die beiden unteren in der Zeichnung etwas herabgebogen). *a* der Kegel der Staubbeutel, der dem Griffel *g* noch dicht anliegt; *d* die den Blüteneingang sperrenden Anhängsel der Staubbeutel. — II einzelnes Staubgefäß von außen; der Faden zeigt die Krümmung *s*, der Beutel die Anhänge *d*.

purpurbraunen Beutel der acht Staubgefäße, die sich nicht, wie es gewöhnlich geschieht, durch Längsrisse an den Seiten öffnen, sondern durch rundliche Löcher an ihrer Spitze. Infolge ihrer Stellung am Griffel bilden die Staubbeutel einen Kegel, der nicht genau die Mitte der Blüte einnimmt, vielmehr mit diesem etwas nach oben zu verschoben erscheint. Die anfliegenden Insekten — Bienen, Hummeln und Zweiflügler — fänden daher den freiesten Spielraum und bequemsten Zugang zum Nektar in der unteren Hälfte der Blüte, sie fänden ihn, wenn sich nicht hier ein sonderbares Hemmnis in den Weg stellte. Bei schärferer Betrachtung

mit Hilfe der Lupe gewahren wir, wie das untere Ende jedes Staubbeutels mit zwei zierlichen, abstehend behaarten Hörnchen besetzt ist, die schräg abwärts gerade in jenen freien Raum der Blüte hineinstarren. Der Insektenrüssel, der es unternimmt zum Nektar vorzudringen, muß daher unfehlbar an eins oder mehrere dieser Hörnchen anstoßen. Die Folge davon ist eine Erschütterung des Staubbeutels und eine teilweise Entleerung seines Pollens. Das Insekt schüttelt sich geradezu den Pollen selbst auf den Kopf und streift ihn bei weiteren Bewegungen an demselben Blütenstande oder am nächst benachbarten auf eine der hervorragenden Narben wieder ab.

Mit dieser auffälligen Art des Pollenschüttelns stehen noch zwei andere Eigentümlichkeiten in Zusammenhang. Die eine betrifft die Form des weißlichen Staubfadens, der unterhalb des Nektariums dem Fruchtknoten eingefügt ist; statt der gewöhnlichen geraden Stielform zeigt er nahe dem oberen Ende eine schwanenhalsähnliche Einwärtskrümmung. Es leuchtet ein, daß dadurch sein oberer Teil die leichte Beweglichkeit einer elastischen Feder gewinnt, die bei Berührung der Staubbeutelhörner zur Auslösung kommt und das Ausschütteln des Pollens begünstigt. Die andere Besonderheit bietet der Pollen selbst, der nicht wie es sonst bei Insektenblütlern üblich ist, klebrige Beschaffenheit hat, vielmehr wie bei den Windblütlern trocken ist und deshalb sehr leicht stäubt. Von dieser Eigenschaft ihres Pollens macht die Blüte auch noch weiteren Gebrauch. Gegen Ende der Blütezeit nämlich beginnen die Staubgefäße durch Austrocknung ihrer Fäden ihre Lage am Griffel zu verlassen und nach dem Blütenrande zu auseinander zu weichen. Damit aber gelangt der Pollen in den Wirkungsbereich einer neuen Macht, der Luftbewegungen. Jetzt wo die Staubbeutel ihren doppelten Halt,

am Griffel und gegeneinander, aufgegeben haben, schüttelt
der Herbstwind, der schon rauh über die Heide fährt und
alle Zweiglein in arge Schwankungen bringt, den letzten
Pollen aus den Beuteln, nimmt ihn sanft auf seinen langen
Fittich und trägt ihn mit sich, bis er die leichte Last fern an
seinem Wege auf fremde Narben niederläßt. So bietet uns
gerade das Heidekraut das seltsame Schauspiel einer Pflanze,
die in allen hauptsächlichen Merkmalen nach den Regeln
eines Insektenblütlers gebaut, doch schließlich am Ende ihres
Blumenlebens oder beim Ausbleiben von Insektenbesuch das
zukünftige Heil ihres Geschlechts als der ultima ratio der befruchtenden Kraft des Windes anvertraut.

Der Spitzwegerich (Plantago lanceolata).

Windblütler mit gelegentlicher Insektenbefruchtung, nachstäubend,
mit schaukelartig beweglichen Staubbeuteln; zuweilen unvollständig
ein= bez. zweihäusig (gynomonözisch und gynodiözisch). — Blüte=
zeit: Mai bis September.

    Zu den Allerweltspflanzen, die überall, wo sich ihnen
nur ein Fuß breit brauchbaren Bodens bietet, Wurzel fassen,
gehört unser Wegerich.*) Aus einer grundständigen Blatt=
rosette reckt er auf hohen gefurchten Stengeln, an denen
Regenwasser sehr rasch abläuft, seine schwärzlichen, kurz ei=
förmigen Blütenstände empor, die sehr kleine, unscheinbare
Blüten in großer Anzahl enthalten. Etwas auffälliger werden
die Blütenstände durch gelblichweiße Staubbeutel von eigen=
tümlich flacher Herzform, die sich an den schmalen Seiten=

    *) Der Blütenbau unserer häufigsten Wegericharten, außer der
oben betrachteten noch Plantago major und media, ist nahezu
übereinstimmend; am meisten von Insekten besucht wird die letztere,
mit violetten Staubfäden ausgestattete Art.

rändern öffnen. Sie sind in ihrer Mitte auf dem Ende dünner, weißer Staubfäden befestigt und führen hier bei der geringsten Luftströmung ähnliche Bewegungen aus wie ein Schaukel= brett auf seinem Baumstamme. Nur erfolgt bei ihnen die Unterstützung durch die Unterlage bloß in einem einzigen Punkte, eben dem Endpunkte des Staubfadens, so daß ihr Schaukeln zehnmal leichter und ausgiebiger vor sich geht. Dabei stäuben aus den weit klaffenden Beutelfächern ganze Pollenwolken aus, und der untergehaltene Finger bedeckt sich mit gelbem Staub. Wir haben also einen typischen Wind= blütler vor uns, freilich einen, den manche Insekten nicht als solchen gelten lassen wollen. Es bedarf an sonnigen Tagen nur einer kurzen Beobachtung, um festzustellen, wie sich zier= liche Schwebfliegen auf die Blütenähre niederlassen und ganz regelmäßig den schlanken Leib so drehen, daß der Kopf nach unten zeigt, wie sie dann einen Staubbeutel, als hätten sie ein offenes Gefäß vor sich, mit den Vorderbeinen halten und seines Pollens berauben. Daß sie hierbei mitunter einzelne Pollenkörnchen zur nächsten Ähre mitnehmen und dort ahnungslos auf die Narben abstreifen, ist zweifellos. Auch Honigbienen sind pollensammelnd an den Ähren anzutreffen. Wenn wir verschiedene Ähren vergleichen, so bemerken wir, daß die entwickelten Staubgefäße immer nur in einer be= stimmten gürtelförmigen Zone vorhanden sind. In ganz jugendlichen Ähren finden wir sie am Fuß des Blütenstandes, etwas später in den mittleren Regionen und an den ältesten bedecken sie schopfähnlich das obere Ende. Dieses allmähliche Erblühen der Einzelblüten beschränkt die Schädigungen heftiger Regengüsse auf das geringste Maß, wenn schwere Tropfen die Beutel der bereits reifen Staubgefäße schonungs= los abschlagen, so daß die mißhandelte Ähre mit den stehen= gebliebenen, wirren Staubfäden ganz einer Lampenbürste

gleicht. Demselben Mißgeschick würden bei gleichzeitigem
Erblühen aller Blüten auch sämtliche vorhandene Staubbeutel unterliegen. So aber lockt sehr bald der Sonnenschein die Staubgefäße der nächst höheren Blüten-
region hervor, und der befruchtende Pollen wird aufs
neue ausgestreut. Gegen das bloße Auswaschen des
Pollens bei leichterem Regenfall schützen sich übrigens
die Staubbeutel durch Schließen ihrer Fächer, das beim
Eintritt von Regenwetter selbsttätig erfolgt.

Irrtümlich würde es jedoch sein, zu glauben, daß die
oberen Blüten in voller Untätigkeit verharrten, bis an
sie die Reihe des Erblühens kommt. Vielmehr erkennen
wir bei genauerem Zusehen, wie dort an der

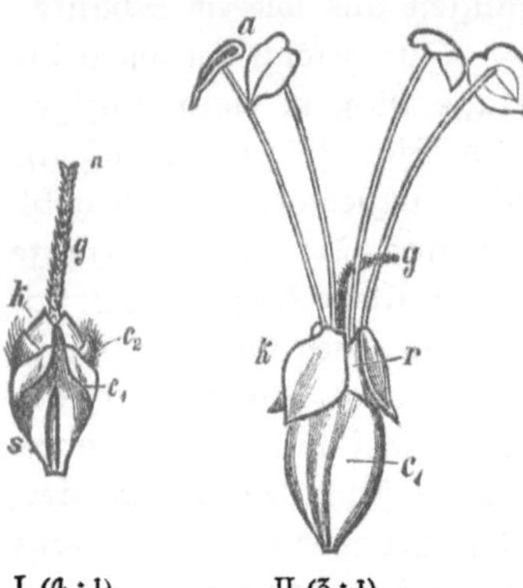

I (4 : 1)   II (3 : 1)

Blüte des Spitzwegerich. I im ersten
(weiblichen) Stadium von vorn. s das
die Blüte tragende, gekielte Hochblatt, da-
hinter das vordere große Kelchblatt c_1,
c_2 die seitlichen Kelchblätter. Die noch
geschlossene Krone k entläßt durch eine
Öffnung an der Spitze den behaarten
Griffel g mit der fein zweispitzigen Narbe n.
— II im zweiten (männlichen) Stadium
von vorn (ohne Hochblatt). Die Krone
hat sich entfaltet und ihre vier Saumlappen k zurückgeschlagen; aus ihrer Röhre r
erheben sich die vier Staubgefäße a, während
der Griffel g vertrocknet.

Ähre, wo noch keine Staubgefäße entwickelt sind, am obersten
Pol der eiförmigen Blütchen je ein weißliches Spitzchen
hervorschaut, das um so länger ist, je tiefer wir an der
Ähre herabgehen, und das den Griffel mit dem wischerähnlich
fein behaarten und deutlich zweispitzigen Narbenende vorstellt.
Die Narben sind also lange vor den Staubgefäßen entwickelt, die Blüte ist nachstäubend (protogyn), und leicht

entdecken wir jetzt in den unteren mit reifen Staubgefäßen
versehenen Blüten die schon im Welken befindlichen Griffel
als bräunliche Fäden.

Wo sind nun während des ersten weiblichen Stadiums
der Blüte die Staubgefäße? Um sie aufzusuchen, nehmen
wir vorsichtig mit einem Federmesser eine jüngere Blüte aus
der Ähre heraus. Dabei zeigt sich, daß sie in der Achsel eines
trockenhäutigen, grün gekielten und braun zugespitzten Hochblattes auf kurzem Stielchen sitzt, und außen von einem Kelch
ähnlicher Beschaffenheit umgeben wird. Er hat offenbar
ursprünglich aus vier Blättchen bestanden, hat sich aber infolge der drangvoll schauerlichen Enge in der Ähre ver-
ändert und verschoben. Wir finden nur noch drei Kelch-
blättchen, von denen aber das vorderste auffällig breit ist, zwei
grünliche Längskiele und an der Spitze einen herzförmigen
Einschnitt zeigt — es ist aus zwei Blättchen zusammen-
gewachsen, neben dem Einschnitt ist es an jeder Seite zierlich
braun berandet. Die beiden andern, nur einfach grün gekielten
Kelchblätter umfassen die Blüte von der Seite her, während
an der Rückseite, wo die Blüte der Ährenspindel angeschmiegt
ist, eine Kelchbedeckung überflüssig wurde.

Durch Entfernung der Kelchblätter legen wir vier zugespitzte, hellbraune Blättchen bloß, die Kronzipfel, die nach
unten in eine kurze weiße Röhre zusammenlaufen. In ihr
liegt der kleine grüne, fast kugelrunde Fruchtknoten eingeschlossen. Die Kronzipfel neigen nach oben zusammen und
lassen den Griffel gerade noch zwischen sich hindurchtreten,
hinter ihnen aber sehen wir deutlich die gelben Staubbeutel
schimmern, die von ihnen völlig bedeckt werden. Wie wir
nämlich beim Zurückbiegen der Kronzipfel feststellen, sind die
vier Staubfäden im Innern der Kronröhre angewachsen und
mit ihrem oberen Teil so nach innen zu übergebogen, daß

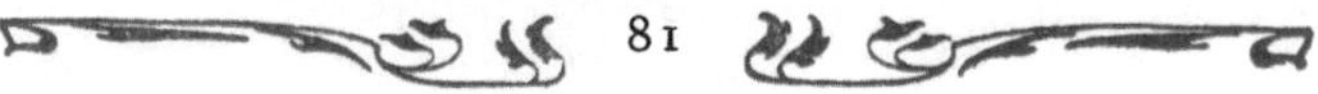

Worgitzky, Blütengeheimnisse. 2. Aufl.　　　6

jeder von den vier Staubbeuteln gerade unter einem Kronzipfel zu liegen kommt. Wenn sich die Blüte anschickt, in ihr
zweites, männliches Stadium überzutreten, wächst die Kronröhre in die Länge und schiebt die an ihr festsitzenden, ebenfalls wachsenden Staubfäden mit sich empor, deren Bögen
sich allmählich zwischen den Spitzen der Kronzipfel hervor
ins Freie drängen. Schließlich aber strecken sie sich gerade,
ziehen dabei die Staubbeutel aus der Krone heraus und
heben sie aufrecht empor, worauf das Öffnen der Fächer erfolgt. Gleichzeitig weichen die Kronzipfel auseinander und
schlagen sich zurück, bis sie der Blütenoberfläche dicht anliegen
und nun um die enge Röhrenmündung einen zierlichen vier-
strahligen Stern bilden. Sie verstärken damit die schützende
Decke, die bereits Hoch- und Kelchblätter um die einzelnen
Blüten breiten, während die Enge der Röhrenmündung den
direkten Zugang zum Fruchtknoten absperrt. Der Schutz erscheint hauptsächlich für diesen nötig, wenn wir die große
Zahl kleinster, kaum millimeterlanger Lärvchen betrachten,
die sich zwischen den einzelnen Blüten der Ähre herumtreiben,
und ihre schwarzgrünen Abkömmlinge, die glänzenden Käferchen, die an den Staubfäden wie an Kletterstangen in die
Höhe steigen, um in den Beuteln Pollen zu rauben. Auch nach
dem gänzlichen Abblühen bedecken die verwelkenden Kronzipfel, Staubfäden und Griffel die ganze Ährenoberfläche
als braunes wirres Dickicht und wehren freßgierigen größeren
Insekten den Zutritt zur reifenden Frucht.

Übrigens treten außer den geschilderten Pflanzen, deren
Ähren Zwitterblüten tragen, besonders auf fettem Boden,
solche auf, die nur Griffel entwickeln, deren Staubgefäße
aber, wenn sie auch angelegt sind, nicht zur Reife gelangen.
Endlich kommen auch unter den ersteren Ähren vor, wo
Zonen von Zwitterblüten mit Zonen von Griffelblüten ab-

wechseln. Auch der Wegerich ist deshalb zu den unvollständig ein= und zweihäusigen (gynomonözischen und gynodiözischen) Pflanzen zugleich zu rechnen.

Der Roggen (Secale cereale).

Windblütler mit pendelnden Staubgefäßen, vorstäubend. — Blüte= zeit: Mai, Juni.

Nichts Unscheinbareres als eine blühende Getreideähre! In graugrüne Farben und stachlige Grannen gehüllt, birgt sie doch die ersten Anfänge der köstlichen Brotfrucht, die unser Leben erhält. Der Sprödigkeit des Äußeren entspricht die verwickelte Zusammensetzung ihres Baues. Erst beim Aufbiegen der Ähre erkennt man, daß sie weit davon ent= fernt bleibt, eine Ähre im rein botanischen Sinne zu sein. Diese trägt an gestreckter Hauptachse zahlreiche ungestielte Einzelblüten, die Roggenähre dagegen enthält an Stelle der Einzelblüten selbst wieder kurze Blütenstände aus je zwei entwickelten Blüten, zwischen denen sich häufig noch ein kurzes Stielchen als Rest einer dritten erhebt; denn es endet in einer winzigen, aus verkümmerten Blättchen (den Spelzen) gebildeten Keule. Man nennt jene kleinen zweiblütigen Stände Ährchen und den Blütenstand des Roggens über= haupt eine „zusammengesetzte Ähre".

Merkwürdig genug, aber doch bei Berücksichtigung aller Verhältnisse im höchsten Grade sinnreich, ist der Auf= bau der Ährchen mit ihren Blüten. Am Grunde des ein= zelnen Ährchens, das wir aus der Gesamtähre herausgelöst haben, sehen wir aus einer Gruppe feiner Haare, die die Spindel der Hauptähre bedecken, jederseits ein schmales, lang zugespitztes, trockenhäutiges Blättchen entspringen, die Hüllspelzen. Oberhalb derselben stehen die beiden

6*

Blüten, jede wieder umschlossen von zwei graugrünen, über zentimeterlangen Blättchen, den Blüten- oder Deckspelzen,

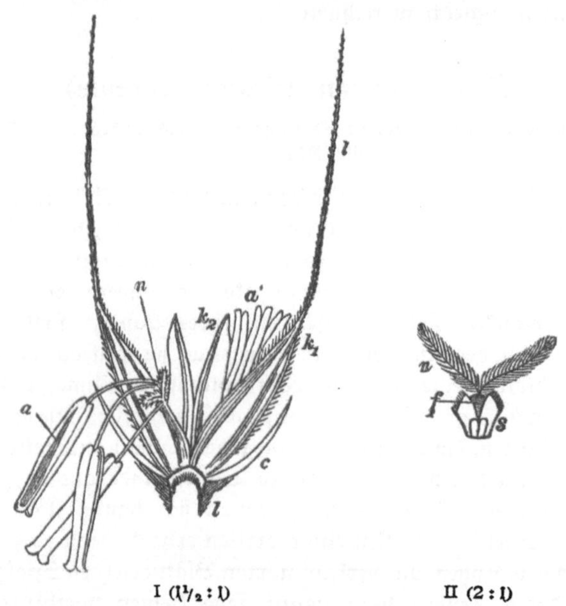

Roggen. I einzelnes Ährchen von der Vorderseite, i ein Stück der behaarten Achse. Die linke Blüte steht am Ende des männlichen Stadiums, ihre schon entleerten Staubbeutel a zeigen die hakenförmige Auswärtsbiegung an den unteren Teilen der Fächer, zwischen den Blütenspelzen erscheinen soeben die Narben n. Die rechte Blüte im Beginn der Entfaltung, a' die hervortretenden Staubbeutel. k_1 die äußere Blütenspelze mit der Granne l, k_2 die innere Blütenspelze, c eine Hüllspelze. — II der Stempel, die gefiederten Narben n vollständig zeigend; vor dem Fruchtknoten f die beiden Perigonschuppen s.

die beide nach innen zu muldenförmig ausgehöhlt sind, und von denen die äußere die innere an den Rändern umfaßt. Die äußere läuft in die schon erwähnte, bis 8 cm lange Granne aus, an der wir beim Betrachten gegen das Licht,

ebenso wie an der äußeren Kante der Spelze selbst, zahlreiche kurze, aufwärts gerichtete Stachelborsten bemerken und sie noch deutlicher mit der Fingerspitze fühlen. Außerdem erkennen wir auf dem graugrünen Grunde der Spelze eine Anzahl grüner Längsnerven, von denen die innere Blütenspelze nur zwei aufweist; auch fehlt dieser die Granne gänzlich. Die stachligen Grannen bilden ebenso ein Abwehrmittel gegen die empfindlichen Lippen und Nüstern pflanzenfressender Säugetiere, namentlich zur Zeit der Fruchtreife, wie einen wirksamen Schutz gegen ankriechende Schnecken, gegen allerlei räuberische Insekten, z. B. Heuschrecken, und anderes Getier.

Bei beginnender Blütenentfaltung, die gewöhnlich an einem sonnigen Morgen zwischen sechs und sieben Uhr eintritt, sehen wir die beiden Blütenspelzen nach oben zu auseinander weichen und in dem Zwischenraum drei braungrüne Staubbeutel hervorlugen. Sie haben in aufrechter Stellung, dicht aneinander geschmiegt, in dem Hohlraum zwischen den Spelzen ihre Entwicklung durchgemacht. Mit erstaunlicher Schnelligkeit vollzieht sich jetzt der Abschluß ihres Wachstums. Denn um $1-1\frac{1}{2}$ mm verlängert sich der Staubfaden in einer einzigen Minute, so daß wir an einer jungen Ähre das Herausschieben der Staubgefäße aus den Spelzen fast mit den Augen verfolgen können. Sowie die Staubbeutel vollständig nach außen treten, erschlaffen die anfangs steifen Fäden, die Beutel kippen nach unten um und hängen nun an den äußerst feinen, weißen Fäden pendelnd über die Ähre herab. Die Aufhängung ist eine so empfindliche, wie sie kein Präzisionsmechaniker feiner herzustellen vermöchte; unser leisester Atemhauch reicht hin, die Staubbeutel der vor uns befindlichen Ähre in beständigen Schwingungen zu erhalten. Mit der großen Empfindlich-

keit steht im Einklange die kurze Lebensdauer der Staub=
gefäße; schon nach einigen Stunden sind die Beutel entleert,
ihr glatter, feinkörniger Pollen ist in alle Lüfte verstäubt,
und spätestens am Abend desselben Tages fallen ihre leeren
Hülsen ab.

Das Öffnen der Beutel geschieht durch Längsrisse an
der Schmalseite der beiden Fächer, doch immer so, daß der
Austritt des Pollens in größerer Menge nur am unteren
Ende des hängenden Beutels erfolgt. Hier krümmen sich
nämlich beim Öffnen die freien spitzen Enden der beiden
Fächer hakenförmig etwas nach aufwärts auseinander, es
entstehen so völlig offene, kahnähnliche Vertiefungen, in
welche bei ruhiger Luft der Pollen aus den Fächern hinab=
rutscht und kleine Häufchen bildet. Der erste Luftzug, der
den Beutel zum Pendeln bringt, streut ihn heraus, es rutscht
neuer Pollen von oben nach, der bei der nächsten Schwingung
verstäubt, und so setzt sich das Spiel fort, bis die Fächer
entleert sind. Der Vorteil der Einrichtung liegt offenbar
in der dadurch erzielten seitlichen Vergrößerung der Pollen=
streufläche. Fehlte jene Hakenkrümmung, so fiele der Pollen
schon bei ruhiger Luft, auf einmal und in vorwiegend senk=
rechter Richtung herab, sein Streukegel bliebe verhältnis=
mäßig schmal und die Wahrscheinlichkeit, daß er beim Fallen
auf belegungsfähige Narben trifft, wäre viel geringer als
beim Ausschleudern des Pollens in bewegter Luft.

Diese Narben wagen sich jetzt erst schüchtern in die
Welt, wo die Staubbeutel derselben Blüte schon lange offen
sind; denn der Roggen ist wie viele andere Gräser vor=
stäubend (protandrisch). Zwischen den beiden Spelzen schiebt
sich nahe ihrem Grunde an jeder Seite ein zartes weißes
Federchen heraus, dessen Fiederzweige den Pollen auffangen.
Alle weiteren Blütenteile kommen erst zum Vorschein, wenn

wir wenigstens die äußere der beiden Spelzen entfernen.
Wir sehen dann, wie beide Narben einem eirunden, behaarten, kaum millimetergroßen Fruchtknoten aufsitzen, der
im Schoße der Spelzen sicher geborgen ruht. Vor ihm bemerken wir noch zwei kurze, zugespitzte, weiße Körperchen
— Perigonschuppen —, die als letzter Rest von Kelch und
Krone uns daran erinnern, daß auch diese Dinge einst zu
den Bestandteilen einer Grasblüte gehörten. Sie sind als
solche überflüssig geworden, da ihre Aufgaben teils von
selbst wegfallen, wie Anlockung und alle sonstigen Beziehungen zum Insektenbesuch, teils von den Spelzen übernommen werden, wie der Schutz von Stempel und Staubgefäßen. Eine um so wichtigere neue Aufgabe ist ihnen
dafür in anderer Richtung erwachsen. Sie sind es nämlich,
die das Öffnen der Grasblüte veranlassen. Infolge Wasser-
aufnahme schwellen sie an und spreizen durch den auf die
Basis der Blütenspelzen ausgeübten Druck diese auseinander,
erst damit den Staubgefäßen und später den Narben den
Austritt sowie den Abschluß ihres Wachstums ermöglichend.
Nach erfolgter Befruchtung erschlaffen die Perigonschuppen
durch Wasserverlust, die Spelzen neigen sich wieder zusammen
und umschließen von nun an den Fruchtknoten bis zur Reife
mit ihrer schützenden Panzerhaut. Die Spelzen selbst sind
nichts als einfache Hochblätter im Blütenstand.

Die Hasel (Corylus Avellana).

Windblütler mit hängenden männlichen Blütenständen, einhäusig.
— Blütezeit: Februar, März.

Im letzten Drittel des Februar haben die Schneeglöck-
chen den neuen Frühling eingeläutet, und schon schwingen
am Haselstrauch seine grüngelben „Räupchen" lustig im

Weſtwinde. Freilich dageweſen ſind dieſe ährenartigen Blütenſtände bereits im Winter. Sie wurden im letzten Herbſt in der Achſel vorjähriger Laubblätter angelegt und zeigten ſich nach dem Laubfall zu zwei bis drei nebeneinander als kurze zylindriſche Gebilde, die auf kurzen Stielen ſteif aufrecht ſtanden und auf ihrer Oberfläche eine Zeichnung aus lauter kleinen Rhombenflächen, nicht unähnlich dem Schuppenkleid eines Fiſches, erkennen ließen. So haben ſie in unſcheinbar braungrauer Färbung Schnee, Kälte und Stürme des Winters überdauert. Aber die erſten warmen Tage mit ihrem lang entbehrten goldenen Sonnenſchein haben hingereicht, eine gründliche Veränderung ihres Aus⸗ ſehens zu bewirken. In dieſer kurzen Zeit ſind ſie ums Drei⸗ bis Vierfache in die Länge gewachſen und mit ihrer ſchlanken Achſe aus der aufrechten in die hängende Lage übergegangen, die einzelnen Rhombenſchuppen ſind aus⸗ einandergerückt, der ganze Blütenſtand hat ſich geöffnet, die Haſel blüht mit einem Worte, während ihre grünen Laubblätter in ihren Knoſpen noch im tiefen Winterſchlaf verharren.

Mit einem Federmeſſer löſen wir behutſam eine ein⸗ zelne Schuppe von der Ährenſpindel und bringen ſie unter die Lupe. Wir erkennen an der einwärts etwas überge⸗ bogenen Spitze der Schuppe noch den dunklen Rhomben⸗ fleck, der an der verſchloſſenen Ähre des Winters ſichtbar war, und hinter ihm einen helleren Teil mit einer grübchen⸗ artigen Vertiefung, die bei der hängenden Stellung der Ähre nach oben gekehrt iſt. Unter der Schuppe, ihr dicht angeſchmiegt, ſehen wir nebeneinander noch zwei ſehr kleine Schüppchen, die ſogenannten „Vorblättchen", ſitzen. Jede Schuppe bedeckt unter ſich eine Gruppe von ſchein⸗ bar acht grünlichen Staubgefäßen. Bei ſorgfältigerer Lupen⸗

betrachtung jedoch stellen wir fest, daß es nur vier sind, deren Beutel allerdings bis zum Grunde in ihre beiden Fächer geteilt sind, die kurz gestielt aus dem gemeinsamen Staubfaden entspringen. Jedes Beutelfach trägt an der Spitze ein zierliches Büschel feiner Härchen, das unwill-

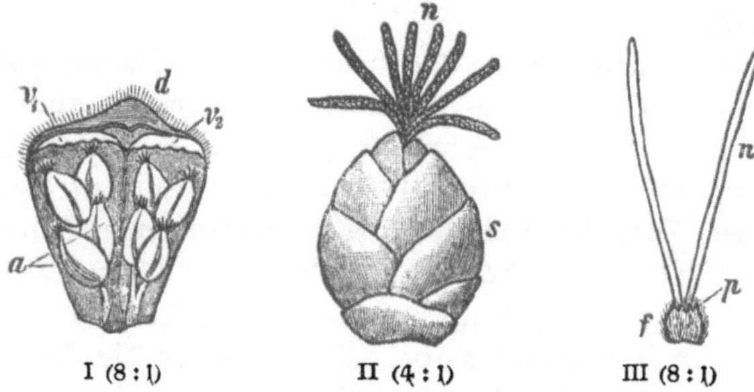

I (8:1)   II (4:1)   III (8:1)

Hasel. I männliche Blüte unter ihrer Deckschuppe d; v_1 und v_2 die beiden Vor-blättchen. a die beiden völlig getrennten Beutelfächer eines Staubgefäßes, an ihrer Spitze die pinselartige Behaarung zeigend. — II vollständiges weibliches Blütenkätzchen. s Deckschuppen, n das Narbenbüschel. — III einzelne weibliche Blüte, n die Narben, f der Fruchtknoten, p Rest eines Perigons.

kürlich an den Haarpinsel auf der Ohrenspitze der Eich-hörnchen erinnert, und öffnet sich durch einen Längsspalt an der äußeren Breitseite. Der Pollen fällt bei ruhiger Luft zunächst in das nach oben gewendete Grübchen der darunter stehenden Schuppe, wo er sich anhäuft. Hier ge-nießt er einmal einen sicheren Regenschutz durch die Schuppe der darüber stehenden Blüte, an deren abwärts gewölbter Rhombenfläche die Tropfen abrinnen. Andererseits liegt er aber dem Angriff auch des leisesten Windes ausgesetzt, der schon hinreicht, den schwanken Blütenstand ins Pendeln zu bringen, den vollkommen trockenen Pollen aus den Grübchen zu schütteln und ihn ungehemmt, mitten zwischen

den blattlosen Zweigen hindurch, seinem ferneren Ziele,
den Narben, zuzutragen. So bietet die Hasel das typische
Beispiel eines einhäusigen Windblütlers, der seine Blüten
vor der Belaubung entfaltet und die Verstäubung des Pollens,
nun nicht wie Wegerich und Roggen den Staubgefäßen, sondern den leicht beweglichen, männlichen Gesamtblütenständen
zuweist.

Wo finden wir die Narben? Wir müssen nach ihnen
unseren Zweig etwas genauer absuchen, werden aber bald
unter den braunbeschuppten Knospen solche bemerken, deren
Spitzen von einem Büschel karminroter Fädchen gekrönt
werden. Die Fäden sind die Narben, die scheinbaren Knospen,
aus denen sie hervorschauen, enthalten die weiblichen Blütenstände. Auch hier gelingt uns ein tieferer Einblick erst mit
Hilfe von Messer und Lupe. Wir entfernen die sich dach-
ziegelartig deckenden Knospenschuppen, deren fein gewim-
perte Ränder einen sicheren Verschluß gegen Kälte und
Nässe herstellen, und stoßen auf immer neue Blättchen, die
nach innen zu an Größe und Derbheit abnehmen, zugleich
hellere Färbung aufweisen und der Achse eines feinbe-
haarten Kurztriebes aufsitzen, wie denn überhaupt alle
inneren Teile des Blütenstandes dieselbe zarte, flaumartige
Behaarung zeigen. Die Spitze des Triebes erst wird von
den eigentlichen weiblichen Blüten eingenommen, von denen
je zwei hinter einem gemeinsamen Deckblättchen sitzen. Jede
besteht nur aus dem winzigen kugligen, streng genommen
unterständigen Fruchtknoten, auf dem einige kurze Spitzchen
den Rest einer Krone andeuten; er trägt zwei von den roten
Narbenfäden. Außerdem ist jede Blüte umschlossen von
einem Hochblattbecherchen, aus welchem bei der Fruchtreife
die bekannte hellgrüne, am Rande zerschlitzte Manschette
hervorgeht, welche die Haselnuß umgibt. Die Narben ver-

trocknen nach der Bestäubung und die umhüllenden Knospen=
schuppen des Triebes fallen ab — ein Schicksal, das den
gesamten männlichen Blütenständen nach Entleerung ihrer
Staubbeutel bevorsteht.

Nicht unerwähnt darf die Tatsache bleiben, daß trotz
der Einhäusigkeit, die ja Selbstbestäubung schon an sich
ausschließt, häufig noch Protogynie beobachtet wird. Man
sucht dann an einem Strauche mit voll geöffneten Staub=
gefäßkätzchen vergebens nach frischen Stempelblüten, da deren
Narben bereits vertrocknet sind. Andererseits freilich kommt
ebenso häufig Homogamie vor, ja in seltenen Fällen hat
man Protandrie festgestellt. Auch soll das Verhalten ein
und desselben Strauches in aufeinander folgenden Jahren
öfters wechseln, könnte also dann von Witterungsverhältnissen
abhängig sein.

Die Sahlweide (Salix caprea).

Insektenblütler vom Typus eines Windblütlers, Nektar halb ver=
borgen; zweihäusig. — Blütezeit: März, April.

Zu den bekanntesten unter unseren zahlreichen Weiden=
arten gehört die Sahlweide, da sie mit am frühesten und
wie der Haselstrauch schon vor Entfaltung der Laubblätter
blüht. Auch bei ihr sind die kleinen Blüten in großer
Anzahl zu Kätzchen vereinigt, die hier ihren Namen besser
als sonst verdienen. Denn der ganze Blütenstand erscheint
eingehüllt in winzige, silberweiß behaarte Hochblättchen,
die seiner Oberfläche die Beschaffenheit eines weichen fein=
haarigen Katzenfelles verleihen. Im Gegensatz zu den
Kätzchen der Hasel hängt hier keins herab, alle stehen
vielmehr steif aufrecht und zeigen gedrungene Eiformen.
Auch sie wurden schon im vergangenen Herbst in der Achsel

vorjähriger Laubblätter angelegt und haben in jugendlichem Zustand unter dem Schutze einer einzigen, braunen, dicken Knospenschuppe überwintert, aus deren Achsel sie sich jetzt hervorschieben. Bei ungewöhnlich warmen Spätherbsttagen können wir es erleben, daß die vorwitzigen Kätzchen bereits dann in der Achsel des sie noch tragenden, herbstlich gelben Laubblattes sichtbar werden.

Wenn wir dem Uferrand eines Baches folgen oder ein feuchtes Gebüsch durchstreifen, wo viele Sahlweiden stehen, so wird uns die Auffälligkeit inne, mit der diese einfachen Blütenstände sich hier geltend machen. Weithin leuchten im Frühlingssonnenschein ihre Silberpelze durch das noch kahle Geäst, als wollten sie den ersten fliegenden Insekten ein vortrefflich sichtbares Ziel bieten. Einige von ihnen strahlen statt der silbernen eine goldgelbe Farbe aus, und beim Näherkommen finden wir diese Kätzchen durchspickt von hochgelben Staubbeuteln. Und um uns den letzten Zweifel zu benehmen, daß wir es hier wirklich mit einem Lockmittel für Insekten zu tun haben, daß die grelle Färbung der Staubbeutel geradezu die fehlende Krone vertreten muß, umschwirren Dutzende von fleißigen Bienen den Strauch-wipfel, dringt ein süßlicher, fast betäubender Honiggeruch auf uns ein. Wir stehen unter einem männlichen Strauch der Weide, denn sämtliche Kätzchen zeigen die Staubbeutel, während wir an benachbarten Sträuchern nach ihnen ver-geblich Umschau halten, sie haben in ihren Blütenständen nur grünliche Stempel, sind weiblich. Die Sahlweide zeigt uns somit den ersten Fall reiner Zweihäusigkeit auf, die jede Selbstbestäubung ausschließt, und zugleich damit die interessante Tatsache, daß sie trotzdem und trotz ihrer vor den Blättern erscheinenden Kätzchenblütenstände zu einem Insektenblütler geworden ist. Mit Erstaunen sehen wir bei

ihr die Gunst der Verhältnisse ausgenützt, wie sie sich zur
Zeit des ersten Frühlings für einen Baum darbietet, wo
die Konkurrenz schön gefärbter Blumen so gut wie nicht
vorhanden ist, und die Sicherung der Fremdbestäubung durch
die noch wenig zahlreichen
Insekten deshalb mit den
einfachsten Mitteln gelingt.

Auch der höchst ein-
fache Bau der Einzelblüten
in den Kätzchen, der unter
allen Insektenblütlern einzig dasteht, erinnert an die
Windblütler. Kelch und
Krone fehlen vollständig,
ihre Aufgaben des Schutzes
haben während der Ent-
wicklung von Staubgefäßen
und Stempeln die schon

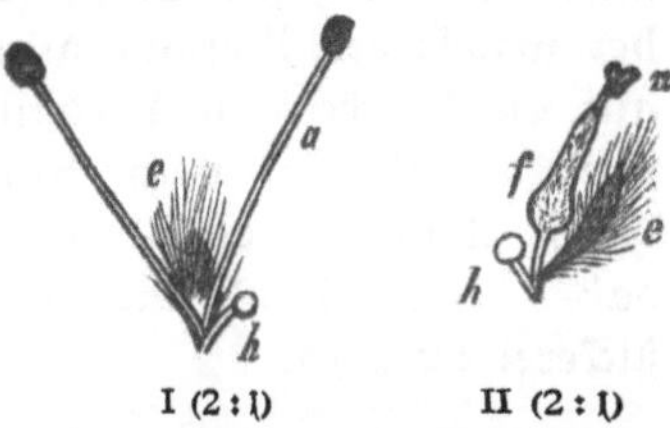

Sahlweide. I eine männliche Blüte;
ihre Staubgefäße *a* mit teilweise entleerten
Beuteln. — II eine weibliche Blüte; der
gestielte Stempel *f* zeigt nur eine der beiden
Narben *n*. — *e* das behaarte, die Blüte
stützende Hochblatt, *h* das stielähnliche
Nektarium mit einem Nektartröpfchen auf
der Spitze.

genannten, behaarten, an der Spitze schwärzlichen Hochblättchen zu leisten, in deren Achseln sowohl die männlichen
wie die weiblichen Blüten stehen. Die männliche Blüte
enthält weiter nichts als zwei Staubgefäße, deren steife
weiße Fäden die gelben Beutel über das Kätzchenfell heraus-
heben, und zwischen ihnen am Grunde das Nektarium in
Form eines grünlichen, schräg aufwärts abstehenden Stiel-
chens, das an der Spitze den Nektar absondert. In der
weiblichen Blüte ist außer dem gleich gestalteten Nektarium
ein krugförmiger, grünlicher Fruchtknoten vorhanden, der
auf kurzem Griffel zwei herzförmige Narbenlappen entfaltet.
Die besuchenden Insekten, außer den Bienen noch Käfer
und Zweiflügler, fliegen zuerst die auffälligeren männlichen
Stöcke an, wo sie beim Hinlaufen über den Blütenständen

die Unterseite reichlich mit Pollen beladen. Lassen sie sich
dann durch den Honiggeruch weiblicher Stöcke anlocken, so
wird der mitgenommene Pollen bei derselben Gelegenheit
an die Narben abgestreift. Der abgeschiedene Nektar bildet
anfangs ein kugliges Tröpfchen auf der Nektarienspitze, das
bei wachsendem Umfang allmählich überneigt und endlich
auf die Kätzchenachse herabsinkt, wo es sich auf die hier
sitzenden Härchen, noch tropfenartig abgerundet, bettet.
Beim Aufbiegen eines jungen Blütenstandes sieht man
daher seinen Grund wie im Schmucke der feinsten Perlen=
stickerei erglänzen.

Die Kiefer (Pinus silvestris).

Nacktsamiger Windblütler, einhäusig. — Blütezeit: Mai.

Erst im Mai, wenn die Laubwälder bereits im vollen
Schmucke ihrer jugendfrischen Blätter stehen, beginnt auch
im düsteren Braungrün des Nadelwaldes sich neues Leben
zu regen. Auf allen Zweigspitzen der Kiefer, deren Nadel=
werk stellenweise bis vor kurzem noch wie verbrannt aus=
sah, erheben sich silberweiße Jungtriebe, als hätte man die
Bäume mit Tausenden kleiner Kerzen besteckt. Zugleich
erscheinen an kurzen Seitenzweigen schwefelgelbe Sträußchen,
die aus einer dicken Achse — der Verlängerung des Zweiges
— und 20 bis 30 kätzchenähnlichen Körperchen gebildet
werden. Bei genauerer Betrachtung ergibt sich, daß jeder
dieser gelben Körper aus lauter schuppenartigen Staub=
gefäßen besteht, die in großer Zahl und spiraliger Anordnung
der gemeinsamen Spindel aufsitzen, daß er mithin eine männ=
liche Blüte darstellt. Die Schuppe ist an ihrer Spitze etwas
nach abwärts übergebogen und trägt darunter zwei große,
später weit offene Staubbeutelfächer, die eine Fülle gelben

Pollens bergen. Schon beim Herauslösen einer männlichen
Einzelblüte aus dem straußähnlichen Blütenstand verstäubt
eine ganze Wolke dieses feinen Pollens, den man leicht auf
einem untergelegten Papierblatt sammeln kann. An der
Menge und Trockenheit des Pollens erkennen wir den Wind=
blütler. Bei stärkerer Vergrößerung bemerkt man außerdem,
daß die Pollenkörnchen mit zwei kugligen Luftblasen versehen
sind, die ihre Flugfähigkeit bedeutend
erhöhen. In der Tat werden sie
durch den Gewitterwind häufig in
solchen Massen den Blüten entführt,
daß sie die Oberfläche von Wald=
teichen und Gräben als gelbe Kruste
bedecken und im vorüberkommenden
Wanderer den Aberglauben er=
wecken, es hätte im Gewitter
Schwefel vom Himmel geregnet.

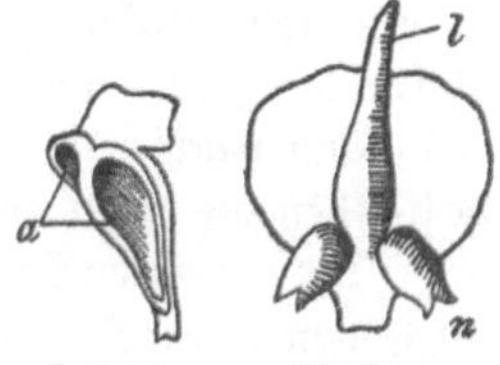

I (6 : 1)   II (6 : 1)

Kiefer. I einzelnes Staubge=
fäß von der Seite mit den
entleerten Beutelfächern *a*. —
II einzelne Fruchtschuppe von
oben, *l* ihr Längskiel, *n* die
Samenanlagen.

Weniger auffällig sind die
Stempelblüten der Kiefer. Man
findet sie an demselben Baume ein=
zeln oder zu zweien an der Spitze einiger jener grünsilbernen
Jungtriebe. Auch sie haben eine Eiform, sind aber nicht gelb,
sondern purpurn überhaucht und setzen sich aus kleinen, um die
Achse spiralig geordneten Fruchtschuppen zusammen, die
wiederum in der Achsel noch kleinerer, rundlicher Deckschuppen
stehen. Die purpurrote Innenseite der Fruchtschuppe ist etwas
gehöhlt und zeigt einen schwach hervortretenden Längskiel, der
nach oben zu in eine längere Spitze ausläuft. Wenn wir mit
einer Nadel zwei dieser Schuppen vorsichtig auseinander=
biegen, so erblicken wir am Grunde der Innenseite zu beiden
Seiten des Längskieles je ein kleines, gelbliches Körnchen,
das unten in zwei seitlich nach außen gerichtete Spitzchen

endet. Sie entsprechen ungefähr den weißen Körnchen im
Innern der unreifen Mohnkapsel und stellen die Samenanlagen dar.*) Ihre Spitzen sind zum Festhalten des befruchtenden Pollens bestimmt und scheiden zu diesem Zweck je ein
Tröpfchen Flüssigkeit ab. Der anfliegende Pollen fällt auf
die Oberseite der Fruchtschuppe, gleitet auf ihrer glatten
Fläche zu beiden Seiten des Kieles abwärts und gerät in
die Flüssigkeit, die ihn bei ihrem allmählichen Eintrocknen
in eine feine Öffnung der Samenknospe hineinzieht. Dort
bleibt der Pollen unverändert bis zum nächsten Frühjahr,
erst dann wachsen aus ihm die Pollenschläuche hervor und
vollziehen die Befruchtung.

Die entleerten Staubgefäßblüten fallen einzeln nach und
nach von ihrem Strauße ab, es bleibt von diesem nur die
dicke Achse zurück, die schließlich an der Spitze junge Nadeln
entwickelt und als Laubzweig weiter wächst. Die Stempelblüten erstarken nach erfolgter Belegung ihrer Samenanlagen,
ihre Fruchtschuppen werden fleischiger und bilden eine Verdickung ihrer Unterseite zu einem viereckigen buckligen Schild-
chen aus, zugleich schließen sie an den Kanten dieser Schild-
chen dicht zusammen und verkleben die Berührungsränder
noch durch ausgeschwitztes Harz. Die Deckschuppen dagegen
schrumpfen ein und vertrocknen. Der ganze Fruchtstand verwandelt sich allmählich in einen eiförmigen, grünen, geschlossenen Zapfen, der schon den nächsten Winter vorzüglich
übersteht, aber erst im zweiten Sommer holzig und braun

*) Da die Fruchtschuppen, auf denen die Samenanlagen völlig
unbedeckt liegen, offen bleibenden Fruchtknoten vergleichbar sind,
hat man die Nadelhölzer, die alle dieselbe Art der Befruchtung
zeigen, Nacktsamer (Gymnospermae) genannt und unterscheidet
von ihnen alle anderen Blütenpflanzen, bei denen die Samenanlagen
in einem Fruchtknoten eingeschlossen sind, als Bedecktsamer
(Angiospermae).

wird. In seinem Innern entwickeln sich nunmehr aus den Samenanlagen die Samenkörner, deren oberer Saum in einen langen gelblichen Flügel auswächst. In diesem Zustand, wo er eine Länge von 3—5 cm erreicht hat, überwintert der Zapfen zum zweiten Male, und endlich im März und April des dritten Jahres spreizen sich seine austrocknenden Schuppen auseinander und bieten damit dem Winde Zugang, der die geflügelten Samen wirbelnd entführt.

Aus dem Gesamtleben der Blüten.

1. Die Teile der Blüte.

Das Leben der Blumen wird uns in seinen mannig=
fachen Äußerungen erst verständlich, nachdem wir genaue=
ren Einblick in ihre Formverhältnisse gewonnen haben. Nur
dann lassen sich die oft feinen Zusammenhänge richtig deuten,
die überall zwischen Gestalt und Lebensleistung bestehen.
An der großen Mehrzahl der häufigeren Wiesenblumen sind
mit Leichtigkeit vier verschiedene Teile zu unterscheiden. Als
äußerste Umhüllung treffen wir den unscheinbar grün ge=
färbten Kelch, auf ihn folgt als auffälligster Teil der Blume
die bunte Krone, aus deren Mitte die meist gelben Staub=
gefäße hervorragen, und im Innern der Blüte, der ober=
flächlichen Betrachtung oft teilweise verborgen, liegt der
Stempel.

Kelch und Krone setzen sich in zahlreichen Fällen aus
einzelnen getrennten Blättchen zusammen, die sich von den
grünen Laubblättern nur durch ihre Kleinheit, durch ihre
einfacheren Formen bez. eine andere Färbung unterscheiden.
Auch sind sie meistens ohne Stiel (f. Hahnenfuß) oder sehr
kurz gestielt, lang gestielte Kronblätter haben die Nelken
(f. Kartäusernelke). Im Gegensatz zu diesen getrenntkron=

blättrigen Pflanzen steht eine Gruppe anderer, bei denen Kelch und Krone, jede für sich, ein becher-, glocken- oder röhrenförmiges Ganze ausmachen; nur der Saum dieser Gebilde zeigt eine verschiedene Anzahl von Ausschnitten (Lappen oder Zähnen), die man als die freien Spitzen sonst im übrigen seitlich zusammengewachsener Blättchen ansieht und danach diese Pflanzen verwachsenkronblättrig nennt (s. Himmelschlüssel, Glockenblume). Wird die Blüte nur von einer Reihe solcher Blättchen oder nur von einer geschlossenen Hülle umgeben, oder sind die mehrfach vorhandenen Blättchenreihen gleich gefärbt, so spricht man von einem Perigon (s. Schwertlilie, ebenso bei der Tulpe), weil dann eine äußerliche Unterscheidung von Kelch und Krone ausgeschlossen ist. Es gibt sogar unvollständige Blüten, bei denen Kelch und Krone zugleich fehlen oder bis auf dürftige Schuppenreste verschwunden sind (s. Roggen).

Gewöhnlich sind die einzelnen Blättchen von Kelch und Krone, bez. ihre Randlappen von ungefähr gleicher Form und Größe und rings um den Blütenmittelpunkt nach allen Seiten gleichartig angeordnet: die meisten Blüten sind ringsgleich oder aktinomorph und können dann durch eine größere Anzahl von Längsschnitten, die durch den Mittelpunkt gehen, in sich entsprechende Hälften geteilt werden (s. Mohn). Daneben aber treffen wir auf seitlichgleiche, symmetrische oder zygomorphe Blüten, wo die Blättchen von Kelch und Krone, oder wenigstens die der Krone, bez. ihre Randlappen verschieden geformt sind und eine besondere Art der Anordnung zeigen. Hier gibt es nur noch einen Längsschnitt, der die Blüte gleichsinnig halbiert (so bei den Schmetterlingsblüten, s. Besenginster, sowie den Lippenblüten, s. Taubnessel). Die entstehenden Hälften sind auch nicht vollständig gleich, denn sie lassen sich nicht zur Deckung bringen.

7*

Sie entsprechen der rechten und linken Hälfte des menschlichen Körpers, sind nur spiegelbildlich gleich. Gerade die seitlich symmetrischen Blüten bieten die ausgeprägtesten Beziehungen zwischen Formen und Lebensanforderungen dar.

Die Staubgefäße lassen hauptsächlich zwei Teile erkennen: einen dünneren Stiel, den Staubfaden, und den von ihm getragenen Staubbeutel. Dieser ist länglich walzenrund und durch eine Längsfurche in zwei Hälften geteilt; jede enthält in ihrem Inneren ein bis zwei Längsfächer, die bei der Reife mit feinen Körnchen, dem Blütenstaub oder Pollen, erfüllt sind. Das Öffnen der Beutelfächer geschieht am häufigsten durch Längsrisse, aus denen der Pollen hervortritt, seltener durch Ausbildung von Löchern an ihrer Spitze (s. Heidekraut). Die Pollenkörner sind immer ungefähr kugelähnlich geformt und messen nur kleine Bruchteile eines Millimeters im Durchmesser (die kleinsten einige Tausendstel). Ihre Oberfläche ist entweder mit Höckern, Leisten oder Stacheln besetzt und klebrig, oder aber glatt und dann trocken. Im ersteren Fall bleiben die einzelnen Körnchen mehr oder minder zusammenhängend, im letzteren stäuben sie mit Leichtigkeit auseinander.

Die wesentlichsten Teile des Stempels sind der kugel-, walzen- oder eirunde Fruchtknoten, meist im Grunde der Blüte liegend, und die knopf-, gabel- und blättchenähnliche Narbe auf seiner Spitze. Die Oberfläche der Narbe ist mit feinen Höckern oder Härchen, den Narbenpapillen, besetzt, die manchmal noch eine klebrige Flüssigkeit absondern, und ist überall zur Aufnahme des Pollens, zum Festhalten seiner Körnchen bestimmt. Zwischen Fruchtknoten und Narbe schiebt sich sehr häufig ein besonderer Stiel für die Narbe ein, der Griffel, der die Narbe aus der Blüte hervorheben soll, um ihr das Aufnehmen der Pollenkörner zu erleichtern.

In weit offenen Blumen (f. Mohn) oder bei stielartiger Ver=
längerung des ganzen Fruchtknotens (so bei der Tulpe) wird
der Stiel für die Narbe überflüssig, der Griffel fehlt dann.
Nicht selten finden wir den Fruchtknoten teilweise oder ganz
unterhalb der Blüte als unmittelbare Fortsetzung des Blüten=
stiels und in ihn eingesenkt, er ist dann unterständig und
trägt alle anderen Blütenteile auf sich. Das Innere des
Fruchtknotens weist eine Höhlung auf, die aber gewöhnlich
durch Längsscheidewände in mehrere Abteilungen (Fächer
oder Kammern) zerlegt wird. An bestimmten Stellen der
Fruchtknotenwand selbst oder ihrer Scheidewände sitzen in
verschiedener, oft sehr großer Zahl kleine weißliche Körnchen,
die Samenanlagen, aus denen später bei der Fruchtreife
die dunkelschaligen Samenkörner hervorgehen.*)

2. Pollen und Narbe.

Das große Ziel des Blumenlebens ist die Bildung einer
keimfähigen Frucht, die zu einer neuen Pflanze heranwachsen
kann. Die Frucht entsteht aus dem Fruchtknoten des Stempels,
aber nicht bevor in diesem durch Einwirkung fremder Stoffe
gewisse Änderungen eingeleitet worden sind. Diese Stoff=
zufuhr von außen erfolgt durch Belegung der Narbe mit
Pollen, den Vorgang der Befruchtung. Sobald ein Pollen=
korn der betreffenden Art auf der klebrigen Narbenoberfläche
haften geblieben ist, beginnt es in der Narbenfeuchtigkeit zu
quellen und durch eine besonders dünne Stelle seiner Ober=
haut einen feinen Schlauch zu treiben, der allmählich zwischen
den Narbenpapillen hindurch in das Gewebe des Griffels hin=

*) Eine Ausnahme von dem geschilderten typischen Bau des
Stempels machen unter den höheren Pflanzen nur die Nadelhölzer
(f. Kiefer).

einwächst, diesen seiner ganzen Länge nach durchzieht und endlich in die Fruchtknotenhöhle gelangt. Hier legt er sich an eine der Samenanlagen an, dringt in ihr Inneres ein und vollzieht damit die Übergabe kleinster Mengen des Stoffes, der das Innere des Pollenkornes erfüllte, an die Samen= knospe. Mit diesem Augenblick wird in der Samenanlage eine Reihe zunächst rein chemischer Umsetzungen hervor= gerufen, die aber sehr bald zu einer äußerlich wahrnehmbaren Veränderung, einem Wachstum führen. Dieses erheischt eine gesteigerte Zufuhr von Nährstoffen aus der Mutterpflanze nach diesem Teil der Blüte, der ganze Fruchtknoten beginnt sich langsam zu vergrößern und wächst schließlich zur Frucht her= an, die im Innern die aus den Samenanlagen entstandenen Samenkörner umschließt. Alle anderen Blütenteile, vor allem die Kronblätter und Staubgefäße — der Kelch bleibt zuweilen erhalten — verwelken und gehen gänzlich zu= grunde.

Der befruchtende Pollen kann dabei aus den Staub= gefäßen derselben Blüte stammen oder aus benachbarten Blüten desselben Stockes oder aber aus Blüten anderer Exemplare derselben Art. Beide Fälle, wo der Pollen aus einer fremden Blüte herkommt, faßt man unter der Bezeich= nung Fremdbestäubung oder Allogamie zusammen*), während man die Belegung mit Pollen der eigenen Blüte als Selbstbestäubung oder Autogamie bezeichnet. Zu= weilen tritt erfolgreiche Befruchtung auch dann ein, wenn der Pollen einer fremden, aber ähnlichen Art derselben Gattung auf die Narbe gelangt. In diesem Falle keimt

*) Für genauere Unterscheidung stehen die besonderen Namen zur Verfügung: Nachbarbestäubung oder Geitonogamie (sie erfolgt zwischen Blüten derselben Pflanze) und Kreuzung oder Xenogamie (sie erfolgt zwischen Blüten verschiedener Stöcke).

aus dem Samenkorn eine neue Pflanze hervor, die in ihren Eigenschaften ungefähr die Mitte hält zwischen denen ihrer verschiedenen Stammeltern; sie heißt ein Bastard. Manche Arten sind durch die große Leichtigkeit ausgezeichnet, mit der sie Bastardierungen eingehen (wie die Arten der Disteln, Brombeeren, Weiden), während sie bei anderen selten oder gar nicht eintreten. Eine Befruchtung unterbleibt, wenn der auf die Narbe gelangende Pollen aus der Blüte einer fremden Gattung stammt. Der Pollenschlauch wird dann entweder gar nicht angelegt, oder er bleibt kurz und erreicht nicht die Fruchtknotenhöhle.

Durch Versuche hat man festgestellt, daß bei vielen Pflanzen der eigene Pollen überhaupt nicht befruchtend wirkt, Selbstbestäubung also erfolglos bleibt (selbststerile Pflanzen, z. B. Klatschmohn, Hederich, Besenginster, Roggen); ja bei gewissen Orchideen soll er sogar die Narbe der eigenen Blüte töten. Am vorteilhaftesten für die Entwicklung der Nachkommenschaft dagegen vollzieht sich die Befruchtung bei Fremdbestäubung, also dann, wenn der Pollen aus anderen Blüten derselben Art herrührt. Wir müssen annehmen, daß in diesem Falle die aus dem Samenkorn keimende junge Pflanze am kräftigsten und lebensfähigsten ausfällt. Denn zahlreich und mannigfach sind die Einrichtungen in den Blüten, welche der Beförderung des Pollens von Stock zu Stock dienlich sein sollen. Als Mittel zur Beförderung, welche die an den Ort gebannten Pflanzen nicht selbst besorgen können, werden hauptsächlich zwei Faktoren benutzt, die blütenbesuchenden, geflügelten Insekten und der Wind, und man unterscheidet je nach Benutzung eines dieser Mittel insektenblütige oder entomophile und windblütige oder anemophile Pflanzen. Die ganze Anlage der Blüte ist danach bei diesen beiden

Pflanzengruppen eine durchaus verschiedene und erfordert für beide eine gesonderte Besprechung.

Nicht unerwähnt darf bleiben, daß in seltenen Fällen auch andere Tiere zur Befruchtung verlockt werden. So treten in unserer Heimat kleine Nacktschnecken als Befruchter auf, die über die Blüten kriechen, um Staubgefäße und andere Blütenteile zu verzehren, und dabei im zähen Schleime ihres Fußes den Pollen mit sich nehmen (schneckenblütige oder malakophile Pflanzen, z. B. Schlangenwurz, Goldmilzkraut). Es kann allerdings kaum zweifelhaft sein, daß es sich hierbei nur um eine gelegentliche, rein zufällige Bestäubung handelt. Denn als regelmäßige Blumenbestäuber können Schnecken schon ihrer langsamen Kriechbewegungen wegen nicht ernstlich in Betracht kommen. In Südamerika sind es die Kolibris, in Südafrika die Honigvögel, die beim Blumensaftsaugen oder auf der Insektenjagd wie Nachtschmetterlinge vor den Blumen schweben und dabei bald Schnabel und Kopf mit Pollen bestäuben, bald mit ihnen die Narben streifen (vogelblütige oder ornithophile Pflanzen, z. B. bei der als Zimmerpflanze bekannten Fuchsie aus den Gebirgen Chiles). Ja bei einer baumartigen Kletterpflanze Javas glaubte man Fledermäuse als Befruchter erkannt zu haben, die entweder in den großen Blumen dieser Bäume die Perigonblätter verzehren oder Insekten erbeuten wollen (fledermausblütige oder chiropterophile Pflanzen). Aber auch in den zuletzt genannten Fällen scheint doch für gewöhnlich Insektenbefruchtung die Regel zu sein. Bei einigen Wasserpflanzen endlich dient das Wasser als Beförderungsmittel des Pollens oder der vollständigen männlichen Blüten, die sich loslösen und auf seiner Oberfläche zu den Narben treiben (wasserblütige oder hydrophile Pflanzen, z. B. in ihrer Heimat bei der

aus Nordamerika nach Europa nur in weiblichen Exemplaren verschleppten Wasserpest).

3. Anlockung der Insekten.

Das erste Erfordernis für eine Blüte, die ihre Befruchtung den Insekten anvertraut, ist die Anlockung möglichst zahlreicher Besucher. Als Mittel dazu dienen Duft und Farben, von denen viele Blumen (wie Rosen und Veilchen) beide zugleich benutzen. Wenn hie und da Blüten auftreten, die diese Mittel ganz zu verschmähen scheinen und dennoch von Insekten wahrgenommen und aufgesucht werden, wie die grünen und völlig duftlosen Blüten des wilden Weines, so ist es wahrscheinlich, daß der von ihnen ausgehauchte Duft zwar nicht mehr auf unsere Geruchsnerven wirkt, wohl aber auf die anders organisierten der Insekten. In den häufigsten Fällen, regelmäßig bei großen Blumen, ist die bunt gefärbte Krone das Firmenschild, das hungrigen Gästen den Weg zeigt, nur selten treten andere Teile an ihre Stelle, wie der Kelch (s. Heidekraut) oder gar die Staubgefäße (s. Sahlweide). Oft wird die Farbenwirkung noch erhöht durch übereinstimmende Färbung mehrerer Blütenteile, wie des Kelches, der Krone und der Staubgefäße (s. Hahnenfuß), oder aber durch Verwendung verschiedener Farben in derselben Blüte. Man erinnere sich der weißen Schmetterlingsblüte der bekannten Buffoder Saubohne mit ihren fast schwarzen Flügeln, oder an die violetten, gelben und weißen Kronblätter des wilden Stiefmütterchens. Daß unter den Blumenfarben die weißen, gelben und roten bedeutend vorwiegen, hat seinen Grund offenbar darin, daß sich diese vom Grün des Laubes oder Rasens am besten abheben. Viel weniger gilt das für

blaue und die sehr seltenen braunen Farben. Der Duft
allein bleibt das Hauptlockmittel für solche Blüten, die eine
versteckte Lage haben und deshalb schwer zu sehen sind
(s. Veilchen, Linde) oder für solche, die sich erst im trüben
Schein der Dämmerung entfalten, wo bunte Farben nicht
zur Wirkung gelangen. Höchstens vermögen im Nacht-
dunkel noch weiße oder blaßgelbe Färbungen einen unbestimmten Lichtschein zu verbreiten und die besuchenden
Nachtschmetterlinge herbeizuführen (wie bei der Nachtkerze).

Besondere Verhältnisse treffen wir bei sehr kleinen
Blüten. Hier ist jede einzelne für sich allein zu unbedeutend,
als daß sie mit Erfolg auf die Anlockung von Besuchern
bedacht sein könnte. Sie machen daher von dem einfachen
Mittel aller Kleinen und Schwachen Gebrauch, scharen sich
an möglichst hervortretenden Orten der Pflanze zu größeren
Verbänden, den Blütenständen, zusammen und erzielen
dann durch ihre Hunderte von kleinen, aber dicht gedrängten
Kronen eine ganz stattliche Farbenwirkung. Ja in zahlreichen Fällen bildet sich in diesen engen Gesellschaftsver-
bänden oder Blütenvereinen eine weitere, man möchte fast
sagen „soziale“ Einrichtung heraus, die Arbeitsteilung. Eine
Anzahl der Einzelblüten, gewöhnlich die am Rande des gemeinsamen Blütenstandes befindlichen, verzichten zugunsten
der Allgemeinheit auf die Erzeugung eigener Nachkommenschaft und lassen Staubgefäße und Stempel verkümmern,
verwenden dagegen alle Kräfte auf die Ausschmückung und
Vergrößerung der Krone, so den Glanz und die Sichtbarkeit des ganzen Blütenstandes beträchtlich erhöhend. Die
Mittelblüten können dann um so ausschließlicher der Frucht-
bildung dienen (s. Kornblume). Bei getrenntkronblättrigen
Blüten wird eine ähnliche Wirkung durch einseitige Vergrößerung der nach außen gerichteten Kronblätter erzielt,

so daß dann auch hier unregelmäßige Randblüten neben
regelmäßigen Mittelblüten stehen (f. Möhre). Auch für
Farbengegenfätze innerhalb der Blütenftände ift häufig Sorge
getragen. In den Köpfchen der Kamillen umrahmen weiße
Randblüten gelbe Mittelblüten; bei vielen Rauhblättlern
(f. Vergißmeinnicht, ebenfo beim Natterkopf) verwandeln
die anfangs roten Kronen ihre Farbe mit zunehmendem
Alter in Blau, und Blüten beider Altersftufen stehen dicht
benachbart auf demselben Zweig. Bei der Roßkaftanie
endlich (f. d.) enthalten die weißen Blumen in der Jugend
gelbe Tupfen, die im Alter in rote übergehen.

Faft allen Blütenftänden gemeinfam ift das Auftreten
kleiner Blättchen neben und zwischen den Blüten, die selbft
nicht zur Blüte gehören, sondern den Laubblättern ähneln,
sich aber von diefen durch geringe Größe und sehr einfache
Formen unterscheiden. Sie heißen Hochblätter (auch Deckblätter). Zuweilen zeigen sie nicht grüne Farbe, sondern
eine andere, welche der der sonftigen Umhüllung gleicht
(f. Linde), oder aber zu ihr in geradem Gegensatz steht,
und helfen dann in beiden Fällen das Farbenbild des ganzen Blütenftandes vervollftändigen. So stehen die mit gold-
gelber Lippe und roftroter Kronröhre ausgeftatteten Blumen
des Hainwachtelweizens (Melampyrum nemorosum) zwischen
dunkel violettblauen, ziemlich großen Hochblättern und rufen
dadurch einen Gegensatz hervor, den der Volksmund treffend
durch den diefer Pflanze beigelegten Namen „Tag und
Nacht" gekennzeichnet hat.

4. Bewirtung der Blütengäfte.

Das den Lockungen von Duft und Farbe folgende
Infekt soll nicht bloß die Blüte auffuchen, um ihr dann

enttäuſcht den Rücken zu kehren, es ſoll vielmehr von ſeiner
Aufnahme ſo befriedigt ſein, daß es ſich möglichſt raſch
einer Blüte gleichen Baues zuwendet. Nur dann kann es
ja den in der erſten Blüte mitgenommenen Pollen in der
nächſten abliefern. Dieſe immer aufs neue wirkſame Anziehung üben die Blumen durch die von ihnen gebotene
Nahrung aus. Sie iſt zweierlei Art: einmal der in reich-
licher Menge gebildete Pollen ſelbſt, außerdem aber ein
an beſtimmten Stellen der Blüte abgeſchiedener, meiſt waſſer-
heller, ſüß ſchmeckender und oft ganz beſtimmt duftender
Saft, der Nektar. Man findet ihn häufig als „Honig-
ſaft" bezeichnet; er iſt aber noch kein Honig, ſondern bildet
nur das Rohmaterial für ihn. Erſt im Körper der Biene
wird aus dem verſchluckten Nektar der Blüten durch Ver-
miſchen mit gewiſſen Ausſcheidungen des Bienenleibes der
Honig bereitet; dieſer hat deshalb bräunliche Farbe und
einen anderen gewürzigen Geſchmack. Je nachdem die
Blüte das eine oder das andere dieſer Nahrungsmittel
ausſchließlich oder vorwiegend bietet, heißt ſie Pollen-
oder Nektarblume.

Die Pollenblumen ſind häufig ausgezeichnet durch
die Schüſſelform ihrer Krone, weil ſie am beſten geeignet
iſt, den aus den Staubbeuteln herausquellenden Pollen auf-
zufangen (ſ. Mohn). Solche Blüten verfügen entweder über
eine ſehr große Zahl von Staubgefäßen, um den An-
forderungen möglichſt vieler Gäſte genügen zu können, oder
ſind bei geringer Größe zu äußerſt dichten Blütenſtänden
vereinigt (ſo beim Holunder) und erleichtern damit das
Sammeln und Freſſen des Pollens. Ja einige, die weder
über zahlreiche Staubgefäße noch dichte Anordnung ihrer
Stände verfügen, ſcheinen ihren Beſuchern als Erſatz für
Nektar und Pollen die zarten Haare zum Abweiden zu über-

laſſen, die ihre Staubfäden bedecken (ſo bei den Königskerzen, dem Ackergauchheil). Zugleich haben dieſe Haare noch der Anlockung inſofern zu dienen, als ſie anders gefärbt ſind als die Krone, in den gelben Blumen der Königskerze violett, in den roten des Gauchheils blau. Ferner iſt es wahrſcheinlich, daß manche Pollenblumen (wie die des Goldregens, der Heckenroſe) ihren Gäſten gewiſſe ſaftige Gewebeſtellen in den Blüten zum Anbohren darbieten.

Die Nektarblumen haben gewöhnlich nur eine geringe Zahl von Staubgefäßen, zeigen ſonſt aber ſehr verſchiedenartigen Bau. Die Stellen, an denen der Nektar ausgeſchwitzt wird, heißen Saftdrüſen oder Nektarien. Man erkennt ſie meiſtens als ringförmige oder halbkuglige Erhöhungen von grünlicher, gelblicher bis rötlicher Färbung, immer aber an ihrem Überzug von glänzenden Flüſſigkeitströpfchen. Nur bei manchen Orchideen (ſ. Knabenkraut) fehlen offene Nektarien und ſind erſetzt durch nektarhaltiges Gewebe in der Seitenwandung des Blütenſporns, das von den Beſuchern angebohrt werden muß. Gewöhnlich liegen die Nektarien am Grunde des Fruchtknotens (ſ. Hederich, Taubneſſel) oder auf ihm ſelbſt (ſ. Glockenblume), ſeltener ſind Staubgefäße oder Teile von ihnen in Nektarien umgewandelt (ſ. Veilchen). Je nach der Natur der Nektarien und dem ganzen Bau der Blüte iſt die Lage des Nektars bald eine offen zutage tretende (ſ. Möhre), bald eine nur durch Schuppen oder Härchen verdeckte (ſ. Hahnenfuß), bald eine in der Tiefe langer Kronröhren (ſ. Kornblume) oder auf dem Boden von Blütenſpornen befindliche (ſ. Veilchen). In den letzteren Fällen, wo der Nektar bei äußerlicher Betrachtung völlig verborgen bleibt, beſitzt die Krone gewöhnlich eine eigentümliche Art von Wegweiſern, die das ankommende, durſtige Inſekt, das ihnen nachkriecht, zu ihm hinweiſen. Sie beſtehen

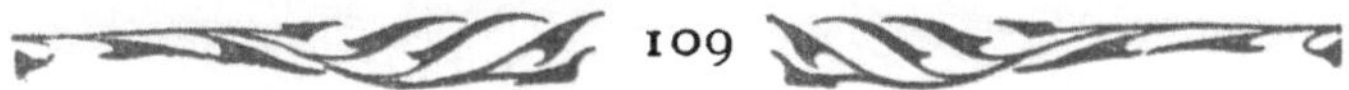

aus hervorstechend gefärbten Linien, Flecken oder Punkt=
reihen, auch aus Alleen langer Haare (f. Schwertlilie), oder
aus vertieften Rinnen, die alle konzentrisch nach dem Ort
des Nektariums zusammenführen. Man nennt solche An=
zeichen Saftmale. Es ist interessant, daß sie den durch
Nachtfalter befruchteten Blumen meistens fehlen, da sie im
Dunkeln doch nicht gesehen würden.

Eine merkwürdige Tatsache bietet das Vorkommen
solcher Blumen, die in ihren Farben und ihrem Duft, oder
wenigstens in diesem allein, verwesende organische Stoffe,
Aas ebenso wie faulende Früchte, vortäuschen, ohne doch
den anfliegenden Insekten irgend etwas dieser Art vorsetzen
zu können. Diese Ekelblumen rechnen daher geradezu
mit der Dummheit ihrer Besucher, vor allem der Aasfliegen
und einiger Käfer, die sich durch den entwickelten Aasgeruch
immer wieder irreführen lassen, ihren Besuch an anderen
Blüten derselben Art erneuern und dabei die Befruchtung
vollziehen. Hierzu gehören von heimischen Blumen z. B. die
unangenehm nach Heringslake duftenden Blüten des Birn=
baums und des Weiß= und Rotdorns. Auch lassen sich den
Täuschblumen gewisse durch die seltene braune Farbe
ausgezeichnete Blumen anreihen (f. Braunwurz), die aus=
schließlich von Wespen besucht werden. Sie spiegeln ihnen
durch ihre Färbung wahrscheinlich den Anblick faulenden
Obstes vor, das diese Insekten mit Vorliebe verzehren.

5. Ausrüstung der blütenbesuchenden Insekten.

Die eigenartige Beschaffenheit der Nahrung, die die
Blumen ihren Gästen zu bieten haben, bedingt es, daß nur
ganz bestimmte Insektengruppen beim Blütenbesuch wirklich

ihre Rechnung finden. Zu diesen zählen hauptsächlich Vertreter aus vier Ordnungen: die Bienen, Hummeln und einige Wespen aus der Ordnung der Hautflügler, sämtliche Schmetterlinge, einige Gruppen der Fliegen aus der Ordnung der Zweiflügler, endlich manche Käfer. Davon erscheinen die Hautflügler, Schmetterlinge und viele Zweiflügler geradezu auf Blütennahrung angewiesen, insofern ihre Mundteile vorzugsweise zum Saugen flüssiger Nahrung, also des Nektars, eingerichtet sind und der Hauptsache nach aus einem verschiedenartig zusammengesetzten Rohr, dem Saugrüssel, bestehen. Dieser ist am kürzesten bei gewissen Fliegen, kann von den Bienen bis auf 7 mm, von verschiedenen Hummeln bis auf das Doppelte und selbst Dreifache ausgestreckt werden und erreicht bei den Schmetterlingen die größte Länge von mehreren Zentimetern (bei den Tagfaltern nicht ganz 3 cm, bei den größeren Schwärmern bis zu 8 cm). Die Schmetterlinge rollen den langen Rüssel, der aus zwei nebeneinandergelegten, starken Halbröhren besteht, bei Nichtgebrauch spiralig wie eine Uhrfeder zusammen und tragen ihn an der Unterseite der Brust, häufig noch zum Schutze zwischen zwei buschig behaarten, an beiden Seiten der Mundöffnung stehenden Lippentastern geborgen. Infolge der großen Länge ihres Rüssels sind allein die Schmetterlinge befähigt, zu den verstecktesten und tiefsten Orten des Blütengrundes vorzudringen, wo der Nektar allen anderen Insekten unerreichbar bleibt. Übrigens können einige von ihnen mit der harten Spitze des Rüssels auch zarte, saftreiche Gewebe der Blüte anbohren, um sie auszusaugen. Aber stets vermögen Schmetterlinge überhaupt nur flüssige Nahrung zu sich zu nehmen.

Einen viel feineren Bau und eine entsprechend größere Verwendbarkeit besitzt die Saugvorrichtung an den Mund-

teilen der Bienen und Hummeln. Sie wird hier von einem aus mehreren Längsschienen zusammengelegten Rohr gebildet, das sich erweitern und verengern läßt und dem eigentlichen Saugorgan, der Zunge, als Futteral dient. Die Zunge ist ein feines, an der Außenseite wischerähnlich behaartes Röhrchen*) von höchster Beweglichkeit, und kann in ihrem Futteral auf und ab geführt, hervorgestreckt und eingezogen werden. Außerdem aber kann der ganze Saug-apparat bei Nichtgebrauch wie ein Taschenmesser gegen die Unterseite des Kopfes eingeklappt werden, wo er in einer entsprechenden Vertiefung schützende Aufnahme findet.

Den Schmetterlingen sehr ähnlich verhalten sich unter den Zweiflüglern die gedrungenen, wollig behaarten S ch w e b-fliegen oder Wollschweber (Bombylidae), die mit ihrem 10—12 mm langen Rüssel noch tiefliegenden Nektar er-reichen und mit der Rüsselspitze saftige Blütenstellen an-bohren. Nur tragen sie ihren feinen Rüssel beständig gerade ausgestreckt und zum Saugen bereit. Diese Rüsseltragart steht in Beziehung zu einer Eigentümlichkeit der Nahrungs-aufnahme, die sie wieder mit den großen, in der Dämmerung fliegenden Schwärmern unter den Schmetterlingen teilen. Während die meisten blütenbesuchenden Insekten sitzend auf den Blüten verweilen oder sich in ihnen frei bewegen, lassen sich diese beiden niemals auf die Blüten selbst nieder, sondern halten sich mit raschen Flügelschlägen vor ihnen schwebend und tauchen nur ihren Rüssel in sie ein, um dann in pfeil-schnellem Fluge zur nächsten Blüte weiter zu eilen.

Nach der Art ihrer Bewegung leicht mit den Bom-byliden zu verwechseln sind die oft prächtig blau und grün

*) Genauer eine nach unten (hinten) zu eingerollte Platte. Das Futteral der Zunge wird aus den beiden Unterkiefern sowie den rinnenartig gehöhlten Lippentastern gebildet.

gefärbten, oft mehr bienen- oder hummelähnlichen echten Schwebfliegen (Syrphidae), die man sekundenlang an einem Punkt in der Luft geradezu still stehend beobachten kann, als wären sie im Anschauen eines ihr Interesse fesselnden Bildes versunken, bis sie mit plötzlichem Ruck nach der Seite davon schießen. Sie unterscheiden sich aber von den Bombyliden schon dadurch, daß sie wirklich auf der besuchten Blume Platz nehmen, und daß sie hier nicht nur Nektar saugen, sondern auch zwei durch Chitinleisten versteifte Lappen am unteren Rüsselende benutzen, um zwischen ihnen Pollenkörnchen zu zermahlen, also Pollen zu fressen. Sie besuchen daher Blumen mit halb verborgenem oder ganz offenem Nektar ebenso gern wie reine Pollenblumen. Ebenfalls zum Pollenfressen befähigt sind die Blumenbesucher unter den eigentlichen Fliegen (Muscidae), die infolge ihres kurzen, fleischigen Rüssels zu den ungeschicktesten, außerdem zu den dümmsten Blütengästen gehören und darum von jenen Täusch- und Ekelblumen genarrt werden, von denen oben die Rede war.

Zu den rüssellosen Insekten gehören die Wespen und die Käfer; bei ihnen treffen wir Freßwerkzeuge, die aus zangenartig gegeneinander beweglichen und scherenartig arbeitenden Teilen bestehen und beißend wirken. Die Wespen, im allgemeinen echte Raubtiere, besitzen ein am Innenrand scharf gezähntes Oberkieferpaar, mit Hilfe dessen sie lebende Beute, namentlich Fliegen und Honigbienen, zerfleischen, und dazwischen eine kurze Leckzunge. Mit ihr können sie offenen Nektar schlürfen, den sie gewissermaßen als Nachtisch, wie auch süße Fruchtsäfte, durchaus nicht verschmähen. Den Nektar wissen sie auch aus tieferen Blütenstellen zu holen, falls nur der Eingang breit genug zum Einschieben ihres ganzen Kopfes ist (s. Braunwurz).

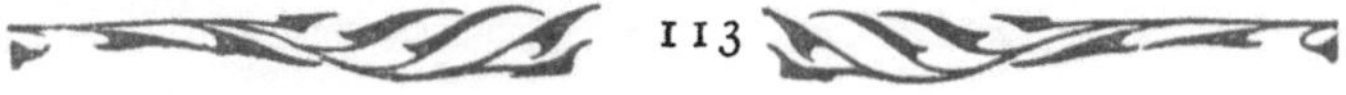

Worgitzky, Blütengeheimnisse. 2. Aufl.

Bei den Käfern dienen die Oberkiefer zum Verzehren des
Pollens, der die Hauptnahrung dieser Tiere ausmacht,
während von ihnen Nektar nur aus offenen, allseitig zu-
gänglichen Blüten genascht werden kann. Die Käfer spielen
daher für die Befruchtung der Blumen den drei übrigen
Ordnungen gegenüber nur eine untergeordnete Rolle.

Auch Bienen und Hummeln besitzen neben ihrem Saugrüssel noch Mittel zum Pollenfressen in ihren zangenartigen,
am Ende löffelartig ausgehöhlten Oberkiefern, die das Aufbeißen sowie ein förmliches Auslöffeln der Staubbeutelfächer
gestatten. Einige Hautflügler, allen voran die Honigbienen,
weisen sogar besondere Sammelapparate für den Pollen
auf, da sie seiner zur Aufzucht der Nachkommenschaft, zum
Füttern der heranwachsenden Larven bedürfen. Das erste
Fußglied an den Hinterbeinen der Honigbiene (die „Ferse")
ist auffällig verbreitert und an der Innenfläche mit par-
allelen Reihen steifer Borsten besetzt. Mit ihrer Hilfe werden
wie mit einer Bürste die Pollenkörnchen aus dem Haarkleid
des Rückens, wo sie haften geblieben waren, ausgebürstet
und am Unterschenkel des entgegengesetzten Beines abgestrichen. Hier findet sich an der Außenseite eine flache Grube,
in welcher der mit Nektar befeuchtete Pollen durch einen
dichten Zaun langer Haare, die den Rand der Grube ein-
fassen, festgehalten und zu gelben bis rötlichen Haufen, den
„Höschen", aufgeschichtet wird. In dieser Verpackung wird
der Pollen schließlich in den Stock getragen, wo ihn die
Biene abstreift und einstweilen in besonderen Zellen der
Wachswaben feststampft, bis ihn später in schon vorgekautem
Zustand die Larven des Stockes als erste Nahrung erhalten.
Die Blumen bezahlen daher gerade bei den Bienen deren
Mithilfe bei der Befruchtung mit einer verhältnismäßig
großen Pollenmenge, die ihrem eigentlichen Zweck entzogen

bleibt. Bei anderen Bienen fehlt die Bürste an den Ferſen und die Sammelgrube an den Schienen; dafür iſt die ganze Bauchſeite mit einer Bürſte ſteifer langer Borſten beſetzt, die, während das Tier ſich auf den beſuchten Blumen (hauptſächlich den Köpfen der Korbblütler) dreht, den Pollen von den Staubbeuteln zwiſchen ſich abſtreifen. Man nennt dieſe Inſekten daher „Bauchſammler“ im Gegenſatz zu den Honigbienen, den „Schienenſammlern“.

6. Die Fremdbeſtäubung durch Inſekten.

Die Benutzung der geflügelten Inſekten zur Pollenbeförderung wird nur möglich durch ein inniges Verhältnis gegenſeitiger Anpaſſung zwiſchen Blumen und Inſekten. Freilich liegen die ſtärkſten Ausprägungen dieſer Anpaſſung auf ſeiten der Blüten. Während die Inſekten im weſentlichen nur in den Mundteilen ein Zeugnis für ihren engen Verkehr mit der Blumenwelt an ſich tragen, bereiten die Blüten im Nektar eine Nahrung, die für ihre eigenen Lebensbedürfniſſe ohne jede Bedeutung bliebe, locken durch Wohlgeruch und Farbenſchimmer von weither an den gedeckten Tiſch und ſorgen durch Ausbildung von Sitzplätzen und paſſenden Formen der Blütenhülle für Bequemlichkeit und Behagen ihrer Gäſte. Und ſo haben der ſchillernde Falter, der in ſtolzem Fluge von Blume zu Blume gaukelt, wie das winzige, metallgrüne Käferlein, das in der Tiefe des Kelches Nahrung und Obdach zugleich findet, ebenſo Einfluß auf Form und Größenverhältniſſe der Blüten geübt, wie die plumpe Hummel, die mit unwirſchem Geſumm, aber um ſo größerem Appetit und rückſichtsloſer Begierde den Blütengrund durchwühlt, oder die dumme Fliege, die eine Blüte

8*

immer wieder auffucht, wenn ihr nur durch Aasgeruch ihre Lieblingsspeise vorgetäufcht wird.

Am geringfügigften erfcheinen folche Einflüffe auf die Form bei den kleinen Blüten, die in großer Zahl zu dichten Blütenftänden zufammengefchart find. Schon eine Hummel ift hier einer einzelnen Blüte gegenüber eine Riefin, die fich mit der Unterfeite des Körpers auf drei bis vier Blüten zugleich niederläßt, alle zugleich berührend mit jedem ihrer Beine an einer anderen Blüte eine Stütze findend. Ähnliches gilt für alle Blüten mit ganz freiliegendem oder nur wenig verborgenem Nektar, die ihn für die verfchiedenartigften Infekten, lang- und kurzrüffelige wie rüffellofe, ausbieten. Sie zeigen daher regelmäßige, offene, gewiffermaßen „neutrale" Formen (Doldenträger, Kreuzblütler). Diefelben Formen wiederholen auch die größeren Pollenblumen (f. Mohn), in deren breiter Schüffel der ganze Infektenkörper freies Feld für feine Bewegungen findet.

Erft bei den Blüten mit engen, langen Röhren oder Spornanhängen oder fonft mit einer Anordnung der Krone, die das Infekt zwingt, die gefuchten Nahrungsfchätze aus größeren Tiefen herauszuholen, bedarf es befonderer Einrichtungen, die dem Infekte genügende Haltepunkte für die oft fehr kräftigen Bewegungen bieten, mit welchen das Auffuchen und Erlangen der in der Tiefe verfteckten Nahrung verbunden ift. Ein folcher Sitzplatz oder Anflugsort für Befucher ift bei manchen Blumen ein beliebiger von den gleich geftalteten Saumlappen (f. Himmelfchlüffel), oder ein durch beftimmte Geftalt kenntliches Kronblatt (f. Veilchen), bei allen lippenförmigen Kronen die verbreiterte Unterlippe (f. Taubneffel), bei den Hülfenfrüchtlern die beiden wagrecht aus der Blüte herausftehenden Flügel (f. Befenginfter), — wie denn überhaupt gerade die abfonderlichen Formen der

seitlichgleichen Blüten erst in dieser Beziehung zum Insektenbesuch ihre richtige Deutung finden. In seltenen Fällen
müssen lange, wagrecht hervorstehende Staubfäden bez. der
Griffel als Sitzstangen dienen (s. Roßkastanie, ebenso beim
Natterkopf).

Auch der verengte Teil der Krone selbst, die Röhre,
die als Führungsrinne für den einfahrenden Rüssel zu dienen
hat, ist in allen solchen Blüten den Besuchern unmittelbar
angepaßt. Sie entspricht einer mittleren Rüssellänge bei
den meisten der von Hautflüglern befruchteten, sogenannten
Immenblumen (Lippenblütler), einer viel bedeutenderen
bei den durch Schmetterlinge befruchteten Falter- und
Schwärmerblumen (Nelken, Geißblatt). Während sie bei
diesen meist verhältnismäßig eng bleibt (s. Kartäusernelke),
erlangt sie dort zuweilen beträchtliche Weite (s. Glockenblume),
die selbst dem plumpen Hummelkörper eine gewisse Be-
wegungsfreiheit gewährt. Hat die für lange Rüssel ange-
paßte Blume eine erweiterte Trichterform, so enthält sie
wenigstens im Grunde verengte Nektarzugänge, die dem
langen schwanken Rüssel sichere Stützpunkte bieten. Weil
diese Zugänge dann um den zentralen Stempel wie die
Mündungen eines Revolvers geordnet sind, heißen solche
Blumen auch Revolverblüten (Natterkopf, Zaunwinde).

Nach den Verschiedenheiten in der Unterbringung des Nektars
und der Art der vorherrschenden Besucher hat man alle insektenblütigen Pflanzen in folgende neun Blumenklassen eingeteilt,
deren Scheidung freilich insofern keine strenge ist, als manche
Blume nach ihrer Nektarbergung in die eine, nach der Art ihrer
Besucher aber in eine andere gehört:

1. Pollenblumen: Krone meist schüsselförmig (Rosen, Mohn,
Anemone, Johanniskräuter, Nachtschatten).

2. Blumen mit freiliegendem Nektar: Krone meist stern-
förmig ausgebreitet, weiß, gelb, grünlich (Doldenträger, Steinbreche,
Labkräuter, Ahorne, Frauenmantel, Wolfsmilcharten, Milzkräuter).

3. **Blumen mit halb verborgenem Nektar:** Nektar nur bei voll ausgebreiteter Krone im Sonnenschein sichtbar, Krone meist weiß oder gelb (Kreuzblütler, Hahnenfuß=Arten, Dotterblume, Erdbeere, Fingerkräuter, Wiesenknopf).

4. **Blumen mit völlig geborgenem Nektar:** Nektar von außen nicht sichtbar, Krone meist rot, blau, violett (Storch=schnabel=Arten, Malven, Weidenröschen, Stachelbeeren, Sauerklee, Vergißmeinnicht, Heidekraut, Heidel= und Preißelbeere, Ehrenpreis=Arten, Knabenkräuter, Minzen, Thymian).

5. **Blumengesellschaften mit völlig geborgenem Nektar:** zahlreiche kleine Blüten zu dichten Ständen vereint (Korb=blütler, Skabiosen, Knautia, Grasnelken.)

6. **Immenblumen:** Bestäubungseinrichtung nur von Haut=flüglern auslösbar, Krone meist seitlich gleich. Bienen=, Hummel=, Wespenblumen. (Schmetterlingsblütler, Veilchen, Lippenblütler, Braunwurzgewächse, Eisenhut, Schneebeere).

7. **Falterblumen:** Nektar in tiefen und engen Röhren, in Spornanhängen oder im verengerten Grunde eines Krontrichters geborgen. Tagfalterblumen mit roter Krone (viele Nelken, Feuer=lilie), Nachtfalter= oder Schwärmerblumen mit weißer Krone und starkem Duft (Abendlichtnelke, Leimkräuter, Geißblatt, Zaunwinde, Plathanthera=Arten).

8. **Fliegenblumen:** Bestäubungseinrichtung verschieden. Ekel= und Täuschblumen. (Birnbaum, Weißdorn, Steinbrech=Arten, Einbeere, Sumpfherzblatt.)

9. **Kleinkerfblumen:** (einige Orchideen).

Die Form der Krone, die gegenseitige Stellung aller einzelnen Blütenteile zueinander, ist immer eine derartige, daß während des Insektenbesuchs dessen Hauptziel, die Be=rührung des Insektenleibes mit dem Pollen bez. den Narben, gesichert erscheint. Außerordentlich mannigfaltig sind die Einrichtungen, durch welche der zu befördernde Pollen den Insekten unbemerkt aufgeladen wird. Die einfachste Art beruht in einem unmittelbaren Abstreifen des Pollens aus den geöffneten Staubbeuteln, während das Insekt mit der Nahrungsaufnahme beschäftigt ist. In manchen Fällen wird die Berührung mit dem Staubbeutel erst durch Anstoßen an den Staubfaden und Herabbiegen des Beutels bewirkt; häufig unterbleibt die Berührung dabei ganz, sondern der Pollen wird aus den Beuteln durch Anstoßen an besondere Anhänge von oben auf den Insektenkörper herabgeschüttelt (s. Heidekraut). Bei sehr kurzen Staubfäden schreitet das Insekt über die Staubgefäße dahin, sie mit der Unter- seite streifend (s. Möhre). In den Blüten, die keinen Nektar absondern, watet unter Umständen das Insekt förmlich in den ausgefallenen Pollenmengen, die den Grund der schüssel- förmigen Krone bedecken (s. Mohn). Zuweilen aber treffen wir auf ganz merkwürdig sinnreiche und verwickelte Vor- kehrungen. So wird bei einigen Korbblütlern der Pollen aus der Tiefe einer allseitig geschlossenen Staubbeutelröhre durch selbständige Zusammenziehung der Staubfäden in die Höhe gepumpt, wenn das Insekt mit dem Rüssel die Staub- fäden berührt (s. Kornblume). Bei gewissen Hülsenfrüchtlern wirkt der im Schiffchen eingerollt liegende Griffel wie eine gespannte Feder, welche bei Berührung des Schiffchens durch die Insektenbeine dieses sprengt und den dort auf- gehäuften Pollen auf den ahnungslosen Besucher heraus- schleudert (s. Besenginster). Das Abliefern des beförderten Pollens an die Narben geschieht stets durch unmittelbare Berührung, wobei die Pollenkörnchen zwischen den Narben- papillen an der klebrigen Oberfläche der Narbenäste fest- gehalten werden. Auch hier treten, um die Berührung möglich zu machen, oft allerlei Bewegungen des Griffels ein.

Wie wird aber der aufgenommene Pollen am sichersten zur Narbe der nächsten Blüte befördert? Das geeignetste Mittel bietet hierzu das Haarkleid, das fast alle blüten- besuchenden Insekten tragen, und in welchem die Pollen- körnchen mit Leichtigkeit haften. Zugleich sorgt die Klebrigkeit,

die den Pollen aller durch Insekten befruchteten Blüten
auszeichnet, dafür, daß die Körnchen auch bei den heftigen
Erschütterungen einer andauernden Flugbewegung ihren
Halt nicht verlieren und abfallen, ehe das Insekt die nächste
Blüte erreicht hat. Den gleichen Zweck erfüllen die häufigen
Rauhigkeiten der Oberfläche an den Pollenkörnchen selbst.
Den größten Zusammenhang besitzt der Pollen bei unseren
Orchideen (s. Knabenkraut), wo sämtliche Körnchen eines
Staubbeutelfaches zu keulenähnlichen, gestielten Massen, den
Pollinien, vereinigt sind. Sie kleben mit dem unteren
Stielende dem Insektenkopfe an, werden auf ihm wie Hörnchen
davon getragen und ebenso als Ganzes auf der Narbe einer
anderen Blüte zurückgelassen.

7. Abwehr unwillkommener Gäste.

Nicht alle Insekten, die unter Umständen die Pollenbeförderung übernehmen, können allen Blüten gleich will-
kommen sein. Höchstens bei sehr kleinen Blüten in dicht
gedrängten Ständen, oder bei den allseitig offenen Blüten,
deren Nektar für jeden Rüssel von beliebigem Bau und
ebenso für ganz rüssellose Insekten zugänglich bleibt, ist es
gleichgültig, ob ein Käfer, eine Fliege oder eine Biene die
Befruchtung ausführt. Je mehr sich aber Form der Blüte
und Stellung ihrer Teile den Körperverhältnissen einer bestimmten Insektengruppe angepaßt haben, um so vorteil-
hafter erscheint es, andere Besucher auszuschließen. Denn
sind diese zu groß, so würden sie durch gewaltsames Ein-
zwängen ungefüger Körperteile leicht Schaden stiften, sind
sie zu klein, so würden sie den Nektar rauben, ohne Staubbeutel und Narbe zu berühren, also ohne den Gegendienst
bei der Befruchtung geleistet zu haben.

So ist für die sehr engröhrigen Falterblumen der Körper einer Biene oder Hummel viel zu dick, als daß sie überhaupt in das Blüteninnere und zum Nektar vordringen könnten. Um nun einem gewaltsamen Nektarraub durch seitliches Aufbeißen der Kronröhre vorzubeugen, finden wir bei ihnen häufig widerstandsfähige Kelchröhren, die wie ein Panzer die Krone umschließen und gewöhnlich noch durch starre Hochblätter unterstützt werden (s. Kartäusernelke). Ähnliches gilt für die kleinen Röhrenblüten vieler Korbblütler, nur daß hier der Schutz ausschließlich von der Hochblatthülle des Gesamtblütenstandes gewährt wird (s. Kornblume). Manchmal wird die gleiche Schutzwirkung durch einen blasig aufgetriebenen Kelch erzielt, wie wir ihn z. B. bei der nach diesem Merkmal „Taubenkropf" benannten Leimkrautart (Silene inflata) finden. Er umschließt hier wie eine weite Pluderhose die Blüte bis an den Nagel der Kronblätter und läßt zwischen sich und den inneren edlen Blütenteilen einen so weiten Raum, daß selbst bei einem Versuch, den Nektar durch Aufbeißen des Kelches zu rauben, Beschädigungen dieser Teile verhütet bleiben. Gegen zu kleine Eindringlinge andererseits sind oft förmliche Gitter aus steifen Haaren errichtet, die den Zugang in das Blüteninnere verwehren und den schwachen Kräften dieser winzigen Räuber erfolgreich widerstehen, während sie von dem kräftigen Rüssel der Bienen oder Fliegen mit Leichtigkeit auseinandergedrängt werden (s. Taubnessel). Oder es ist zwar der Eingang in die Blüte offen, der Nektar aber wird durch Haare, Schuppen oder Verbreitungen der Staubfäden schützend bedeckt, so daß den kleinen Insekten nach vergeblichem Bemühen, ihn darunter hervorzuholen, die Lust zum Wiederkommen vergeht (s. Glockenblume). Wie das Fehlen solcher Schutzeinrichtungen zu schweren Schädigungen führen kann, lehrt ein in lichten

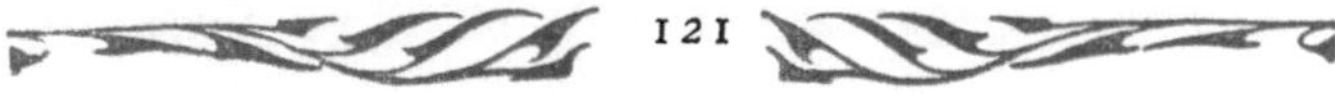

Wäldern leicht zu beobachtender Fall. Die gelben Kronröhren eines hier in Menge blühenden Wachtelweizens, (Melampyrum pratense), die keine Wandverstärkung haben, erscheinen oft in weitem Umkreis fast jede einzelne an der Seite mit großem Loch, das von der Erdhummel ausgebissen worden ist, weil sie infolge zu kurzen Rüssels durch die Mündung der Kronröhre den Nektar nicht erreichen konnte. Andere kurzrüsselige Insekten machen sich das vorhandene Loch zunutze und rauben den Rest des Nektars.

Andere Schutzeinrichtungen endlich machen sich nötig gegen das Ankriechen der flügellosen Insekten, vor allem der Ameisen, die sich so gern am Nektar der Blüten gütlich tun. Denn nur fliegende Insekten sind imstande, den Pollen für Befruchtungszwecke erfolgreich von Blume zu Blume zu tragen. Flügellose, bloß laufende Insekten würden den Pollen, den sie in der einen Blüte auf ihren Körper aufladen, gar nicht unversehrt bis zur nächsten bringen. Auf dem langen Wege, den sie dorthin einschlagen müßten, — zunächst am Stengel der besuchten Pflanze abwärts, dann durch ein Dickicht von Grashalmen und anderen Pflanzenstengeln hin zu einer anderen Pflanze derselben Art, endlich hier über Haare und an Tautropfen vorüber hinauf zur Blüte, — hätten sie den Pollen längst wieder abgestreift, ehe sie die Narbe der andern Blüte berührten. Wir treffen daher zuweilen unterhalb der Blüten klebrige Stellen, förmliche Leimringe, die den Weg zu den Blüten für kriechende Insekten völlig sperren und den dennoch in sie Eindringenden mit qualvollem Tode bedrohen. Bei der Pechnelke und den Leimkräutern, die ihren Namen alle nach diesem Merkmal tragen, liegen oft Leichen der kleinen braunen Wiesenameise in die Klebmasse eingebettet, ein abschreckendes Warnungszeichen für neue Ankömmlinge.

Während hier die Klebemasse von der Oberhaut des Stengels abgeschieden wird, leisten in anderen Fällen Bestände aus Drüsenhaaren, die an ihrer Spitze je ein Tröpfchen klebriger Flüssigkeit absondern, dieselben Dienste (so an der Blütenunterseite der Stachelbeeren, s. auch Storchschnabel).

Wieder andere Pflanzen halten die Ameisen von den Blüten dadurch fern, daß sie ihnen schon unterhalb derselben die süße Nahrung bieten, nach denen sie so lüstern sind, und Nektarien an den Blättern anlegen. Bei der Zaunwicke (Vicia sepium) liegen sie an den pfeilförmigen Nebenblättchen, die zu beiden Seiten des Blattstieles stehen und deren ganze Unterseite in ein braunes Nektargrübchen verwandelt ist. Man nennt solche Nektarien außerhalb der Blüten extranuptiale, zu denen auch jene Blattnektarien gehören (ähnlich beim Wachtelweizen).

8. Verschiedene Reifezeiten für Pollen und Narben derselben Blüte.

Die wichtigste und verbreitetste Einrichtung zur Förderung der Fremdbestäubung beruht darin, daß in ein und derselben Blüte die Staubgefäße zu einer anderen Zeit reifen, als die Narben empfängnisfähig werden. Der befruchtende Pollen kann daher hier nur aus einer anderen Blüte stammen. Entweder öffnen sich die Staubbeutel, lange bevor die Narbe erwachsen ist, die Blüte ist vorstäubend oder protandrisch, oder umgekehrt, die Narbe ist bereits wieder im Verwelken begriffen, wenn die Staubgefäße ihre volle Reife erreichen, die Blüte ist nachstäubend oder protogyn. Zu den ausgeprägt vorstäubenden Blüten gehören die der Korbblütler, Lippenblütler, Nelken

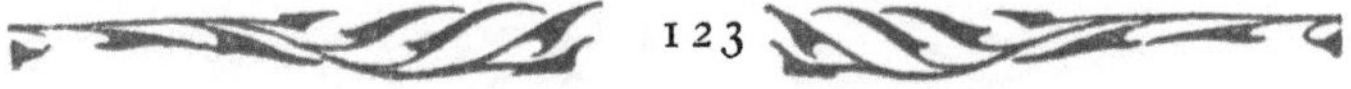

Doldenträger, Hülfenfrüchtler und Glockenblumen, zu den
nachstäubenden die der Rosen und Kreuzblütler, der Roßkastanie, sowie vieler Braunwurzgewächse. Beide Einrichtungen, Protandrie und Protogynie zusammen nennt man
Wechselstäubung oder Dichogamie. In beiden Fällen
lassen die dichogamen Blüten zwei verschiedene Stadien
unterscheiden, das der Pollenreife oder das männliche Stadium, und das der Narbenreife oder das weibliche Stadium,
nur ihre Reihenfolge ist beidemal eine andere. Solche
Blüten, in denen Staubbeutel und Narbe gleichzeitig reifen,
hat man rechtstäubend oder homogam genannt.

Die Dichogamie ist so häufig anzutreffen, daß ihr
Fehlen geradezu als Ausnahme hingestellt werden muß,
wenn sie auch nicht immer gleich vollkommen ausgebildet
erscheint. Vielmehr fallen öfters Pollen- und Narbenreife
wenigstens eine Zeitlang zusammen, so daß sich dann
zwischen männlichem und weiblichem Stadium noch ein
kurzes homogames Stadium einschiebt. Überhaupt aber
gestaltet sich der Verlauf ihrer beiden Stadien im einzelnen
äußerst mannigfaltig. Bei protandrischen Blüten kommt
es sogar vor, daß sich die Staubbeutel bereits öffnen, wenn
die Blüte selbst noch völlig geschlossen im Knospenzustand
verharrt. Es erfolgt aber dann die Ablagerung des Pollens
an einer Stelle, wo er später nach dem Aufblühen von den
Insekten leicht berührt und abgestreift werden kann (s. Glockenblume). In den geöffneten Blüten sind hier Staubgefäße
nur im absterbenden Zustand vorhanden. In anderen Fällen
verlieren die Staubgefäße während des folgenden weiblichen Stadiums ihre entleerten Beutel (s. Kartäusernelke)
oder fallen ganz aus. Bei den protogynen Blüten tritt
häufig am Ende des ersten Stadiums eine völlige Lage-
veränderung der Narbe insofern ein, als sie aus dem

Mittelpunkt der Blüte, wo sie hervorragte, seitwärts aus-
weicht, um den bisher im Blütengrunde verborgenen, nunmehr in die Höhe wachsenden Staubgefäßen Platz zu machen
(s. Braunwurz). Bei Blüten, die sich in den verschiedenen
Stadien befinden, trifft mithin dasselbe Insekt in der einen
Blüte da noch auf die Narbe, wo es an gleicher Stelle in
einer andern schon die Staubbeutel berührt hat.

Ein ähnlicher Erfolg wie durch Dichogamie wird in
manchen homogamen Blüten durch besondere Stellungs-
oder besondere Größenverhältnisse von Staubgefäßen und
Stempel erzielt.*) Im ersteren Fall ist die gegenseitige
Stellung von Staubbeuteln und Narbe derartig, daß jede
Bestäubung mit dem eigenen Pollen für die Blüte selbst
unmöglich wird. Die Erscheinung heißt Getrenntzwittrig-
keit oder Herkogamie (s. Schwertlilie). Im andern Fall
weisen Griffel und Staubfäden in den Blüten verschiedener
Exemplare verschiedene Längen auf, und zwar so, daß dem
langen Griffel der ersten Blüte ebenso lange Staubfäden
der zweiten entsprechen, und dem kurzen Griffel der letzteren
ebenso kurze Staubfäden der ersteren. Das Insekt kann
daher mit demselben Körperteil hier nur die Staubbeutel,
dort nur die Narbe und umgekehrt berühren, wird also
im allgemeinen Fremdbestäubung herbeiführen, ohne daß
freilich Selbstbestäubung ganz ausgeschlossen wäre. Man
nennt diese Erscheinung Ungleichgriffligkeit oder Heterostylie. Gibt es nur zweifach verschiedene Längen
von Griffel und Staubfäden, so heißen die Blüten dimorph
(s. Himmelschlüssel), bei dreifach verschiedenen Längen tri-
morph. Die Trimorphie ist jedoch selten, ein Beispiel da-

*) Eine vierte Einrichtung zur Beförderung der Fremd-
bestäubung liegt in der Verteilung der Staubgefäße und Stempel
auf verschiedene Blüten (s. Nr. 11).

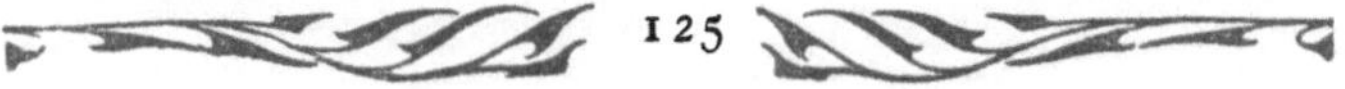

für bieten die Blumen des auf sumpfigen Wiesen heimischen
Blutweiderichs (Lythrum Salicaria).

9. Einrichtungen zur Selbstbestäubung.

Das Vorhandensein von Einrichtungen in der Blüte,
die eine Fremdbestäubung ermöglichen sollen, gewährleistet
allein noch nicht den Erfolg. Dieser hängt vielmehr von
dem rechtzeitigen Erscheinen der Tiere ab, die sich jener
Einrichtungen bedienen sollen. Der Insektenbesuch tritt
häufig nur in ungenügendem Maße ein und kann zuweilen
ganz ausbleiben. Die Gründe dafür sind hauptsächlich in
einer zu schattigen und versteckten Lage des Standortes
oder in lang andauerndem, regnerischem Wetter zur Zeit
der geöffneten Blüten zu suchen, weil beide Umstände das
Fliegen der die Sonne liebenden Insekten einschränken bez.
verhindern. Auch kann Nichteintritt der Fremdbestäubung
bei sonst regem Insektenverkehr dadurch verschuldet sein,
daß gerade die Insekten mit allein passender Rüssellänge
während der Blütezeit dort nicht vorhanden waren. Es
würde also schlimm um die Befruchtung vieler Blumen
stehen, wenn hier keine Gegenmaßregel, keine Abhilfe durch
ein letztes Mittel möglich wäre.

Sie besteht im einfachsten Falle darin, daß gegen Ende
der Blütezeit der Pollen sich von selbst aus den immer weiter
aufklaffenden Staubbeutelfächern entleert und auf die Narbe
der eigenen Blüte fällt, damit die Selbstbestäubung voll-
ziehend. Zu diesem Zweck finden wir dann bei aufrecht
stehenden Blüten die Staubbeutel in höherer Lage als die
Narbe (wie beim Flieder), bei hängenden Blüten sind umgekehrt die Staubgefäße kürzer als der Griffel (wie bei der
Maiblume). Liegen bei aufrechten Blüten die Staubbeutel

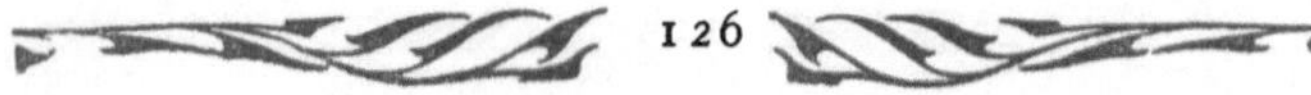

tiefer als die Narben, so werden sie bei ausbleibender Fremdbestäubung durch Weiterwachsen ihrer Staubfäden (Kreuzblütler) oder der Kronröhre, an deren Innenwand sie sitzen
(wie beim Tabak), bis an die Narbe hinaufgehoben, — oder
endlich es wird durch spätere Verlängerung und Krümmung
des Blütenstieles die Blüte in eine hängende Stellung gebracht. Auch kommt es vielfach vor, daß infolge nachträglich
eintretender Bewegungen der Staubgefäße, besonders durch
Einwärtskrümmen ihrer Fäden, die Staubbeutel mit den
Narben der eigenen Blüte in unmittelbare Berührung gebracht werden (Doldenträger). Und ebenso häufig werden
solche Bewegungen vom Griffel oder seinen Narbenästen
selbst ausgeführt (s. Glockenblume, Kartäusernelke).

Ja einzelne schattenliebende Waldpflanzen (wie verschiedene Veilchenarten, das Springkraut) gehen so weit, daß sie
eigens für die Selbstbestäubung bestimmte Blüten ausbilden,
die sich von den gewöhnlichen außer durch geringe Größe,
unscheinbare Färbung und fehlenden Duft durch eine völlig
geschlossene Krone unterscheiden. Im Inneren dieses dunklen
Hohlraumes vollzieht sich der Übergang des Pollens aus den
Staubbeuteln auf die Narbe durch möglichst nahe örtliche
Berührung beider Organe. Man nennt solche nur auf
Selbstbestäubung angewiesene, geschlossene Blüten ver-
borgenstäubend oder kleistogam (s. Veilchen). Gerade das
Vorkommen der geschlossenen und höchst unscheinbaren kleistogamen Blüten aber beweist deutlich, daß alles, was uns
Menschen an den Blumen erfreut, was die Dichtkunst aller
Völker und Zeiten an ihnen gepriesen hat, ihr zarter Farbenschmelz wie ihr sinnberückender Dufthauch, eben nur berechnet
ist auf Anlockung des Insektenbesuchs. Nur als Mitgenießende
ihrer Schönheit stehen wir bescheiden in zweiter Linie; denn alles
wird abgestreift, sowie auf jenen von vorn herein verzichtet ist.

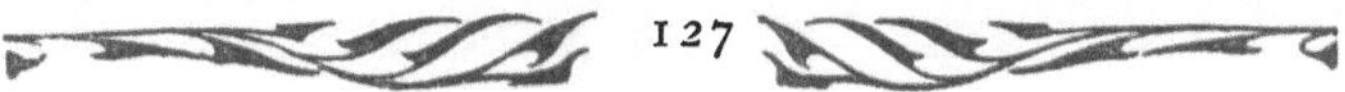

10. Windblütigkeit.

Die große Mehrzahl unsrer Laub= und Nadelbäume, etwa mit Ausnahme der Linden, Ahorne, Weiden, der Stein= und Kernobstbäume, der Roßkastanien, Robinien und einiger anderen Ausländer, zeichnen sich durch Unscheinbarkeit und Kleinheit ihrer Blüten aus, was bei dem sonstigen stattlichen Äußeren dieser Gewächse um so befremdlicher wirkt. Den Blüten fehlt sowohl Buntheit der Farben und Auffälligkeit der Formen wie Duft und Nektar. Sie bieten deshalb den Insekten weder Lockmittel noch Nahrung und werden von ihnen gemieden, ihr Befruchter ist der Wind.

Bedingung für den Erfolg der Windbefruchtung ist in erster Linie möglichst freie Lage der Blüten, denn nur, wo der Wind ungehindert Zugang hat, kann er als Träger des Pollens diesen von Blüte zu Blüte, von Baum zu Baum führen. Überall sehen wir daher bei unseren Waldbäumen im dichten Bestande nur die der freien Wipfelseite zugekehrten Zweige Blüten und später Früchte hervorbringen, wo der Wind über den geschlossenen Baumkronen in ungeschwächter Kraft hinwegstreicht. Daher ist es im allgemeinen so müh= selig, im Buchenwald blühende Zweige dieses Baumes zu erlangen, finden wir bei den Fichten den reichlichsten Zapfen= ansatz an den offenen Flanken der Waldränder. Die große Menge der niedrigen, krautartigen Pflanzen ist der Einwirkung des Windes durch Kleinheit des Wuchses und Enge des Zu= sammenlebens mehr oder minder entrückt, ihre Befruchtung besorgen die überall zudringlichen Insekten. Aber sowie diese Behinderung fehlt, wie in den offenen Grasfluren der Steppen und Berghalden, tritt der Wind so oft wieder an ihre Stelle. Deshalb sind alle Gräser windblütig, weil selbst auf den

üppigsten Wiesen ihre Blütenrispen auf schlanken Halmen hoch über das Gedränge der anderen Pflanzen hinausragen, gewissermaßen das oberste Stockwerk bilden. Ebenso sind windblütig eine Anzahl krautartiger Pflanzen an trocknen Standorten, wie Wegeriche und Brennesseln, und ihnen schließt sich als Kletterpflanze der Hopfen an, der seine windenden Stengel zu luftiger Höhe emporschlingt.

Weiter ausgenützt wird der Vorteil einer freien Lage bei vielen Windblütlern dadurch, daß sie entweder lange vor dem Erscheinen der Laubblätter blühen (Hasel, Erle, Pappel), oder aber ihre Blüten treiben zu einer Zeit, wo die Laubblätter eben erst anfangen sich zu entfalten und noch geringe Größe haben (Birke, Eiche). In beiden Fällen hat der Wind ganz anderen Zutritt zu den Blüten, als es sonst bei voller Belaubung der Krone geschehen könnte. Auch wird dann verhütet, daß ein großer Teil des Pollens, statt auf die Narben zu gelangen, an den Blättern haften bleibt.

Freilich ist es stets unvermeidlich, daß Tausende der planlos in die Luft verstäubten Pollenkörnchen verschlagen werden, auf den Boden fallen oder sonst verloren gehen. Wir treffen deshalb als bezeichnendes Merkmal aller Windblütler neben Kleinheit und Leichtigkeit der Pollenkörner die ungeheure Menge ihrer Zahl, so daß bei Erschütterungen blühender Zweige ganze Wolken von ihnen auf einmal aufsteigen (s. Kiefer). Das Ausstreuen des Pollens selbst wird auf doppelte Weise begünstigt. Zunächst zeigen seine Körnchen gegenüber dem klebrigen Pollen der Insektenblütler vollkommene Trockenheit und eine glatte Oberfläche und stäuben daher wie feines Mehl mit größter Leichtigkeit auseinander. Weiter ist aber dafür gesorgt, daß der ganze Blütenstand (s. Hasel; vgl. auch Nr. 11) oder die Staubgefäße allein schon bei den geringfügigsten Erschütterungen in Bewegung

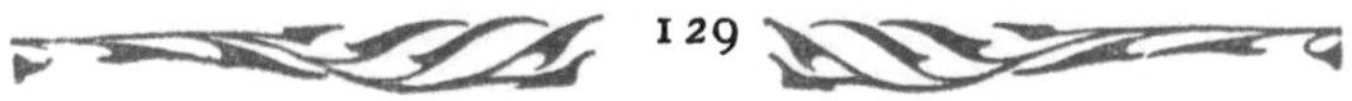

geraten, durch die der Pollen ausfällt. Bei den Gräsern sind entweder die einzelnen Staubbeutel an haarfeinen, weit aus der Blüte heraushängenden Fäden aufgehängt, wo sie beim leisesten Windhauch ins Pendeln kommen (s. Roggen), oder aber die Ährchen des Blütenstandes selbst, die sich aus mehreren Blüten zusammensetzen, sind an so dünnen, schwanken Stielen befestigt, daß das Volk jenen Pflanzen oft den Namen nach der leichten Beweglichkeit ihrer oberen Teile gegeben hat (Zittergras, Windhafer). Bei den aufrecht stehenden Staubgefäßen des Wegerich (s. d.) ist der Staubbeutel auf seinem Faden wie ein Schaukelbrett befestigt und ebenso beweglich.

Zum leichten Auffangen des in der Luft schwebenden Pollens sind endlich die Stempel der Windblütler mit möglichst großen Narbenflächen ausgestattet, die frei aus der Blüte hervorragen. So haben die Narben bei den Gräsern die Form zierlicher Federchen, bei vielen Laubbäumen (Walnuß, Eiche, Buche) sind es breitere, am Rande gekräuselte Läppchen, oder es stehen eine größere Anzahl langer, fadenförmiger Narben an der Spitze des Blütenstandes dicht beisammen (s. Hasel). Beim Mais bilden diese sogar einen über dezimeterlangen Haarschopf am Ende des Blütenkolbens.

Schließlich sei noch bemerkt, daß auch gewisse Insektenblütler bei ausbleibendem Insektenbesuch sich den Wind als Befruchter dienstbar zu machen verstehen (s. Heidekraut), während andererseits Windblütler mit auffälligen Blütenständen (s. Wegerich) gelegentlichen Insektenbesuch erhalten. Es ist daher nicht verwunderlich, daß von unseren Bäumen die Weiden, deren Blütenstände den Typus der Windblütler zeigen, völlig zur Insektenbefruchtung übergegangen sind und reichlichen Nektar hervorbringen (s. Sahlweide).

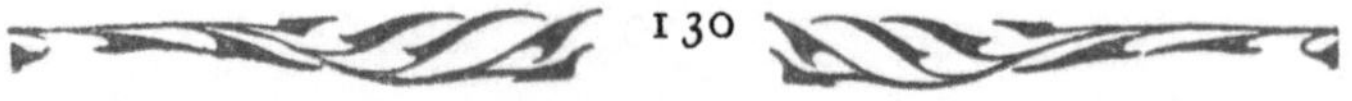

11. Verteilung der Staubgefäße und Stempel auf verschiedene Blüten.

Die meisten windblütigen Pflanzen besitzen eine weitere, wenn auch nicht auf sie allein beschränkte Eigentümlichkeit insofern, als bei ihnen nicht jede einzelne Blüte Staubgefäße und Stempel enthält, sondern diese auf verschiedene Blüten verteilt sind. Es gibt Staubgefäßblüten oder männliche und Stempelbüten oder weibliche. Finden sich beide Blütenarten noch auf ein und demselben Exemplar der Pflanze, so ist diese einhäusig oder monözisch. Häufig aber stehen die Staubgefäß- und Stempelblüten für sich getrennt auf verschiedenen Stöcken, in diesem Falle gibt es männliche und weibliche Pflanzen, oder die Pflanze ist zweihäusig oder diözisch. Zu den einhäusigen Pflanzen gehören Hasel- und Walnuß, Eiche und Buche, Erle und Birke, von den Nadelhölzern die Kiefer, Tanne und Fichte, ferner die große Brennessel und der Mais. Zu den zweihäusigen gehören die Pappel, von den Nadelhölzern Eibe und Wacholder, ferner Hanf und Hopfen, die kleine Brennessel und der Sauerampfer; dazu kommt als reiner Insektenblütler die Weide. Männliche und weibliche heißen eingeschlechtig oder diklin, die Erscheinung selbst die Diklinie, Blüten mit Staubgefäßen und Stempeln dagegen zwittrig oder monoklin.

Die Folge der Diklinie ist die vollständige Unmöglichkeit einer Selbstbestäubung. Da die Stempelblüten keine Staubgefäße haben, so muß der befruchtende Pollen stets mindestens aus einer anderen Blüte, bei den zweihäusigen sogar von einer anderen Pflanze stammen. Eine solche Einrichtung bietet aber gerade für die Windblütler besondere Vorteile.

9*

Einmal fehlt ja dem Wind als Befruchter die bewußte Auswahl, wie sie bei der Insektenbestäubung überall insofern wirksam ist, als das Insekt immer wieder nach Blüten der gleichen Art sucht, wo es zuletzt die Wohltat der gereichten Nahrung genossen hat. Der vom Winde ausgestäubte Pollen dagegen, der im Umkreis der stäubenden Blüte die Luft erfüllt oder ihrer Bewegung folgt, bis er ziellos an einer sich ihm in den Weg stellenden Narbe haften bleibt, würde bei Zwitterblüten regelmäßig Selbstbestäubung an den Narben der eigenen Blüte als den zunächst benachbarten hervorrufen. Dann aber gestattet die Getrenntgeschlechtigkeit der Blüten eine noch bessere Ausnutzung der Windkraft für die Befruchtung, indem sie ermöglicht, Staubgefäß- und Stempelblüten auf besondere Blütenstände von verschiedenem Bau zu vereinigen. Die Staubgefäßblüten finden wir gewöhnlich in ährenartigen Ständen von äußerst feiner Beweglichkeit, den Kätzchen, deren dünne, lang herabhängende Achse bei den geringsten Lufterschütterungen ins Schwanken gerät und den Pollen zum Ausstäuben bringt. Diese Blütenstände sind eben durch das Fehlen der schweren Stempel von allem belastenden Beiwerk befreit und nunmehr auch dem leisesten Windhauch unterworfen. Die Stempelblüten dagegen stehen überall in kurzen, aufrechten, unbeweglichen Ständen, die aber eine vorgeschobene Lage an den Zweigenden einnehmen, um dem um die Wipfel fliegenden Pollen möglichst nahe zu sein.

Nicht immer ist die Ausprägung der Diklinie eine so scharfe wie in den bisher erwähnten Fällen typischer Windblütler, vielmehr gibt es zwischen ein- und zweihäusigen Pflanzen sowie solchen mit Zwitterblüten die mannigfaltigsten Übergänge. Die Blüten der Esche sind z. B. auf demselben Baume teils zwittrig, teils männlich, teils weiblich. Auch ist die Zwittrigkeit vielfach unvollkommen insofern, als die Staubgefäße und Stempel zwar angelegt werden, aber unfruchtbar bleiben. Die Ahorne haben neben echten Zwitterblüten auch diese scheinzwittrigen Blüten, d. h. sowohl solche, wo die Staubgefäße, als solche, wo die Stempel zwar vorhanden, aber verkümmert sind. Alle diese Verhältnisse unvollständiger Diklinie sind übrigens gerade bei insektenblütigen Pflanzen ziemlich verbreitet, zu denen die Ahorne gehören (s. auch Roßkastanie, Kartäusernelke, Möhre, Wegerich).

Genauer sind innerhalb der unvollständigen Diklinie folgende Fälle zu unterscheiden:

1) Unvollständige Einhäusigkeit oder Polygamie. Alle Blütenformen finden sich auf demselben Pflanzenstock, und zwar nur zwittrige und männliche Blüten (Andromonözie), oder nur zwittrige und weibliche Blüten (Gynomonözie), oder endlich zwittrige, männliche und weibliche Blüten (Trimonözie).

2) Unvollständige Zweihäusigkeit oder Polyözie. Die Blütenformen sind auf verschiedene Stöcke verteilt, und zwar kommen vor: nur zwittrige und männliche Stöcke (Androdiözie), oder nur zwittrige und weibliche Stöcke (Gynodiözie), oder endlich zwittrige, männliche und weibliche Stöcke (Triözie).

Manche Arten sind aber andromonözisch und androdiözisch, andere gynomonözisch und gynodiözisch, wieder andere (s. Möhre) andromonözisch und gynodiözisch nebeneinander, ja zuweilen treten bei ein und derselben Art noch mehr von diesen Möglichkeiten zugleich auf (Pleogamie).

12. Schutz gegen Regen und Tau.

Das Erscheinen der Blüten zur regnerischen Zeit unseres Frühlings und Sommers, ihre kurze Lebensdauer machen im allgemeinen besondere Schutzeinrichtungen gegen Austrocknung, die sonst im Pflanzenleben eine so wichtige Rolle zu spielen pflegen, unnötig. Denn die eigentlich trockene

Jahreszeit für die Pflanze ist bei uns der Winter, wo der gefrorene Boden oft monatelang ihren Wurzeln nicht ge-stattet, Feuchtigkeit aufzunehmen, während doch anhaltende kalte Winde ihre oberirdischen Teile auszutrocknen drohen. Daher sehen wir Stamm und Zweige der Holzgewächse durch luftdichte Rindenmäntel geschützt und finden die über-winternden Laubknospen in starke, lederartige Deckschuppen eingehüllt, die außerdem mit klebrigen Massen oder Lack überzogen sind. Nur wenn Blütenanlagen in gleicher Weise für sich allein überwintern, wie dies bei einzelnen Laub-bäumen der Fall ist (s. Hasel, ebenso bei der Birke), bedürfen auch sie ähnlichen Schutzes.

Um so regelmäßiger treffen wir im Gegenteil auf Vorkehrungen, die das Eindringen von Nässe in das Blüten-innere abhalten sollen. Würde das Wasser doch Nektar und Pollen fortspülen, der schwere Regenfall aber Staub-gefäße abschlagen und andere edlere Teile beschädigen können. Die einfachste Maßregel, die dem Regen den Eintritt in die Blumen verwehrt, ist eine hängende Lage derselben (s. Heide-kraut, Hasel), bei der die Tropfen harmlos über den Rand der Blütenhülle abrinnen. Viele Blumen, die bei Sonnen-schein eine aufrechte Haltung zeigen, nehmen die überhängende Lage erst bei feuchter Luft infolge von Bewegungen des Blütenstieles ein (s. Glockenblume). Von Interesse erscheint hierbei die Tatsache, daß die gleiche Lageänderung meist auch bei Einbruch der Nacht erfolgt und dann natürlich die gleichen Dienste gegen das Eindringen von Tautropfen leistet, wobei aber gleichzeitig eine zu starke Wärmeausstrahlung gegen den klaren Nachthimmel vermieden wird (s. Möhre).

Kurzgestielte, aufrechtstehende Blumen müssen auf die Vorteile einer freiwilligen Lageänderung verzichten; ihnen ist durch andere Einrichtungen geholfen, die gewöhnlich

Form und Anordnung der Blütenhülle betreffen. Die meisten
Lippenblütler haben zum Zweck des Regenschutzes einen besonderen Anhang der Krone, die Oberlippe, die die vier Staubgefäße überdacht (s. Taubnessel), viele Nelken uud Rauh-
blättler (s. Vergißmeinnicht) an der Mündung der Kronröhre
eine Anzahl blattartiger Auswüchse, die Nebenkrone, die
den Blüteneingang so viel als überhaupt möglich einengen
bez. die auf der Krone entlang rinnenden Regentropfen
stauen. Selbst Regentropfen, die gerade auf die verengerte
Mündung aufschlagen, können doch nicht eindringen, weil
die Luft in der Röhre wie ein elastisches Luftkissen beim
Auftreffen des Tropfens zusammengepreßt wird, dann sich
aber sogleich wieder ausdehnt und den Tropfen abschleudert.
In ähnlicher Weise wirken Haarringe durch die Elastizität
der zwischen den Haaren befindlichen Luft. Bei Schmetterlings-
blütlern und vielen Braunwurzgewächsen ist die ganze Krone
gegen den Regen so gut wie völlig abgeschlossen — hier durch
eine Emporwölbung der Unterlippe, den Gaumen (wie bei den
Leinkräutern), dort durch Flügel und Schiffchen (s. Besenginster). Zahlreiche andere Blumen wieder bewirken diesen
Verschluß erst bei wirklich eintretendem Regenwetter sowie bei
Nacht durch Einwärtskrümmen ihrer Kronblätter (s. Hahnenfuß), viele Korbblütler durch Zusammenneigen der Zungen
der Randblüten über den offenen Röhren der Mittelblüten
(Gänseblümchen), oder durch tütenförmiges Einrollen der
einzelnen Zungen (Löwenzahn). Seltener erfolgt der Regenschutz für Nektar bez. Pollen auf andere Weise als durch
Mitwirkung der Blütenhülle, so durch blattartige Narben
(s. Schwertlilie), durch selbsttätiges Schließen der Staubbeutelfächer (s. Wegerich), durch überdeckende Laubblätter (s. Linde).

Nur in vereinzelten Fällen ist auf Regenschutz so gut
wie ganz verzichtet. In den weit offenen und tiefen Blumen

der Kornade sammeln sich bei starken Güssen ganze Teiche voll Wasser, in denen die Staubgefäße elend ertrunken liegen, während die Narbenäste krampfhaft nach oben zusammengeschlagen sind. Jedenfalls erscheint bei so großen und auffälligen Blumen, für welche auch bei kurzer Lebensdauer eine erfolgreiche Befruchtung wahrscheinlich ist, Regenschutz weniger erforderlich als bei allen anderen. Gegen sehr heftige und anhaltende Regengüsse aber gibt es überhaupt keinen Schutz, sie schlagen ganze Blüten ab oder zerstören ihr Inneres für immer. Wir finden dann sogar die so sorgfältig überdachten Lippenblüten bis oben herauf voll Wasser und vordorben. Hier vermag nur neuer Nachwuchs jugendlicher Blüten zu helfen, die während der Regenzeit noch im Knospenzustand verharrten und nun in günstigerer Witterungsperiode zur Samenbildung gelangen. Überhaupt erfreuen sich viele Blüten, bei denen wir zunächst vergeblich nach Schutzmaßregeln gegen das Eindringen des Regens oder das Abschlagen der Staubgefäße suchen, deren wenigstens indirekt. Sie liegen dann nur nicht in ihrem Aufbau begründet als vielmehr in der Art, wie sich bei dicht gedrängten Ständen kleiner Blüten ihr Nacheinandererblühen vollzieht. Bei ihnen ist immer nur ein Teil aller vorhandenen Staubgefäße auf einmal entwickelt, die einem plötzlichen Platzregen zum Opfer fallen können, sehr bald aber durch neu heranreifende desselben Blütenstandes ersetzt werden (s. Möhre und Wegerich). Also ein Bereitstellen von Reserven, ein Haushalten mit der verfügbaren Kraft, das uns mit Staunen erfüllt und in uns, zusammen mit den selbsttätigen Bewegungen der Blüten und ihrer Teile, immer aufs neue die Überzeugung kräftigen muß, daß auch in der an den Ort gebannten Pflanze der große Strom des Lebens kreist, der den Organismus der höheren, beweglicheren Geschöpfe so sichtbarlich durchdringt.

Register der Fachausdrücke.

Aktinomorph 99.
allogam, Allogamie 102.
Ameisen 122, 123.
androdiözisch, Androdiözie 133.
andromonözisch, Andromonözie 133.
anemophil, Anemophilie 103.
Anflugsplätze 116.
autogam, Autogamie 102.
Bastardbildung 103.
bedecktsamig, Bedecktsamer 96.
Befruchtung 101.
Bewegungen in den Blüten 119, 124, 127, 134.
Bienen 112, 114.
Blattnektarien 123.
Blütenstände 106.
Blütenstaub 100.
Blütenvereine 106.
Blumengesellschaften 106, 118.
Bombyliden 112.
Chiropterophil 104.
Deckblätter 107.
dichogam, Dichogamie 124.
diklin, Diklinie 131, 133.
dimorph, Dimorphie 125.
diözisch, Diözie 131.
Drüsenhaare 123.

Duft der Blüte 105.
Eingeschlechtige Blüten 131.
einhäusig 131, 133.
Ekelblumen 110.
entomophil, Entomophilie 103.
extranuptiale Nektarien 123.
Falterblumen 117, 118.
Farben der Blüte 105, 106.
Fledermausblütigkeit 104.
Fliegen 113.
Fliegenblumen 118.
Fremdbestäubung 102, 115.
Fruchtknoten 100, 101.
Geitonogam, Geitonogamie 102.
getrenntzwittrig 125.
Griffel 100.
gynodiözisch, Gynodiözie 133.
gynomonözisch, Gynomonözie 133.
Haare in den Blüten 109, 121, 135.
herkogam, Herkogamie 125.
heterostyl, Heterostylie 125.
Hochblätter 107, 121.
homogam, Homogamie 124.
Hummeln 121, 114.
hydrophil, Hydrophilie 104.
Immenblumen 117, 118.

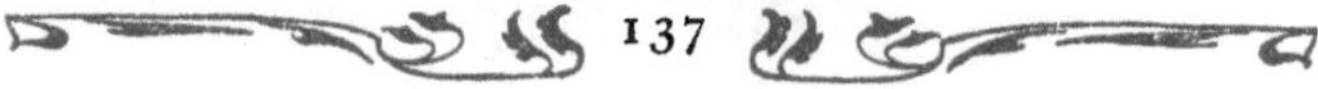

1900